電気機器

博士(工学) 持永 芳文
工学博士 蓮池 公紀 共著

コロナ社

推薦のことば

　情報通信技術の進歩と地球環境問題への関心の高まりから，工場・オフィス・家庭など社会で用いられる機械の大半は電気エネルギーで動くようになり，その駆動要素としての電気機器の知識が電気・電子分野のみでなく広く工学に携わるものに必要になっている。

　しかし，電気機器は静止器から回転機まで多様であるうえに，その動作原理が電磁気と回路現象の両方に基づいているので，その内容をわかりやすくコンパクトにまとめた教科書は少ない。

　本書は，大学での講義に長く携わり産業界で実際の電気機器の設計・製造と応用に携わった経験もある二人の著者の協力によって，現在使用されている広範な機器について基本原理から利用法まで写真や構造図を多用して，限られた紙数のなかで基本的な事項が容易に理解できる教科書の形にまとめている。

　大学学部や工業高等専門学校での教科書としても，いろいろな応用分野の現場の技術者の疑問に応え自己研修に役立つ書物としても，本書は優れたものであり，ご関係の皆様に推薦申し上げたい。

2014 年 7 月

東京大学名誉教授
公益財団法人 鉄道総合技術研究所会長　　正田　英介

は　じ　め　に

　電気機器はエネルギーを変換する装置であり，回転機としての直流機・誘導機・同期機，静止器としての変圧器・コンデンサなどがある。これらは古くから存在している分野であるが，設計・製造技術が向上し，材料が日々改良されて着実に進歩してきている。最近の省エネルギーや幅広い応用分野を考えると，電気機器の高効率化とともに，情報機器にも使用できる超小形モータなど，電気機器は幅広い分野で必要とされている。

　筆者は日本国有鉄道およびJRで電気鉄道の電力供給（変圧器・コンデンサ・電力変換器など）や回転機（直流機・誘導機・同期機）に接するとともに，大学で「電気機器学」の講義に携わる機会を得て，その経験をもとに本書をまとめた。また共著の蓮池先生は，メーカーで回転機の開発・設計を専門にされるとともに，東京理科大学などで長く電気機器の講義を担当されていた。

　本書は大学の学部および工業高等専門学校の教科書として，電気機器の基礎について述べているが，さらに，最近使用が拡大している，永久磁石電動機，ステッピングモータ，リニアモータなどについても述べている。一般の電気機器の本にはない電力用コンデンサや静止形無効電力補償装置についても述べている。電気機器に携わる技術者にも活用していただければ幸いである。

　なお，電力変換装置による電動機の速度制御については本書ではその例を述べるにとどめているが，さらに深く入るために電気機器の原理を学ぶことは重要である。電気図記号については，できるだけ国際規格（IEC 60617）に合わせたJIS C 0617（2011年）に準拠している。

　本書は電気機器を学ぶうえで必要な，最低限の電気磁気学の知識や，電気回路の知識があれば理解できるよう配慮している。また，電気機器の構造図や外観写真を用いて，電気機器のイメージが湧くように配慮している。

本書の執筆にあたり，電気機器メーカーおよびコンデンサメーカー各社から，有益なご助言や資料をいただいたこと，多くの著書を参考にさせていただいたことにお礼を申し上げる。また，メーカーで回転機の開発・設計を専門にされていた，東京理科大学講師　川井勇雄先生にご助言・ご協力をいただいたことに感謝する。併せて，発行にご尽力いただいた，コロナ社の各位に深謝の意を表する。

　2014年7月

著者を代表して　持永芳文

目　　　次

1. 電気機器の基礎

1.1 電気機器の種類 …………………………………………………… 1
1.2 電 磁 現 象 …………………………………………………… 3
1.3 電気機器の材料 …………………………………………………… 6
1.4 損失・効率・定格 ………………………………………………… 9
演 習 問 題 …………………………………………………………… 10

2. 変　圧　器

2.1 理 想 変 圧 器 …………………………………………………… 12
　2.1.1 交 流 と 磁 束 ……………………………………………… 12
　2.1.2 電　圧　比 …………………………………………………… 13
　2.1.3 負荷状態と電流比 …………………………………………… 15
　2.1.4 電　　　力 …………………………………………………… 15
　2.1.5 二次側の一次側への換算 …………………………………… 16
2.2 実際の変圧器 ……………………………………………………… 16
　2.2.1 等価回路とベクトル図 ……………………………………… 16
　2.2.2 等価回路定数 ………………………………………………… 20
2.3 変圧器の特性 ……………………………………………………… 22
　2.3.1 電圧比と電流比 ……………………………………………… 22
　2.3.2 電 力 と 効 率 ……………………………………………… 22
　2.3.3 電 圧 変 動 率 ……………………………………………… 23
　2.3.4 過渡励磁突入電流 …………………………………………… 26
2.4 変圧器の構造 ……………………………………………………… 27
　2.4.1 基 本 構 成 …………………………………………………… 27

2.4.2　冷　却　方　式 …………………………………………… 32
　　　2.4.3　絶縁油の劣化防止とコンサベータ ………………………… 33
　　　2.4.4　ブ　ッ　シ　ン　グ ……………………………………………… 34
　　　2.4.5　変圧器の騒音・振動対策 ……………………………………… 35
　2.5　変　圧　器　の　結　線 …………………………………………… 35
　　　2.5.1　変　圧　器　の　極　性 …………………………………… 35
　　　2.5.2　変圧器の三相結線 ……………………………………………… 36
　　　2.5.3　Δ結線と励磁電流中の第3調波 ……………………………… 40
　　　2.5.4　変圧器の並行運転 ……………………………………………… 41
　2.6　各　種　変　圧　器 …………………………………………… 42
　　　2.6.1　三相二相変換変圧器 …………………………………………… 42
　　　2.6.2　単　巻　変　圧　器 …………………………………………… 43
　　　2.6.3　計　器　用　変　成　器 ……………………………………… 44
　演　習　問　題 …………………………………………………………… 46

3.　誘　　導　　機

　3.1　三相誘導電動機の原理 …………………………………………… 48
　　　3.1.1　回　転　の　原　理 …………………………………………… 48
　　　3.1.2　多相交流による回転磁界 …………………………………… 48
　3.2　三相誘導電動機の構造 …………………………………………… 50
　　　3.2.1　外　　　　　観 ………………………………………………… 50
　　　3.2.2　固　定　子　巻　線 …………………………………………… 51
　　　3.2.3　か　ご　形　回　転　子 ……………………………………… 51
　　　3.2.4　巻　線　形　回　転　子 ……………………………………… 52
　3.3　巻線係数と誘起電圧 ……………………………………………… 53
　　　3.3.1　巻　線　係　数 ………………………………………………… 53
　　　3.3.2　誘　導　起　電　力 …………………………………………… 56
　3.4　等　　価　　回　　路 ……………………………………………… 58
　　　3.4.1　三相誘導電動機の回路 ………………………………………… 58
　　　3.4.2　等価回路定数の測定 …………………………………………… 62

3.5 誘導電動機の特性 ………………………………………………… 64
　3.5.1 特性計算式 ………………………………………………… 64
　3.5.2 比例推移 …………………………………………………… 68
　3.5.3 円線図法および円線図計算法 …………………………… 69
　3.5.4 三相電圧不平衡の特性 …………………………………… 71
3.6 三相誘導電動機の始動および制動法 ………………………… 71
　3.6.1 かご形誘導電動機の始動 ………………………………… 71
　3.6.2 巻線形誘導電動機の始動 ………………………………… 73
　3.6.3 異常始動現象 ……………………………………………… 74
　3.6.4 逆転と制動 ………………………………………………… 76
3.7 三相誘導電動機の速度制御 …………………………………… 77
　3.7.1 極数切換 …………………………………………………… 77
　3.7.2 電圧制御 …………………………………………………… 77
　3.7.3 周波数制御 ………………………………………………… 78
　3.7.4 二次抵抗の調整による方法 ……………………………… 80
3.8 単相誘導電動機 ………………………………………………… 81
　3.8.1 単相誘導電動機の動作原理 ……………………………… 81
　3.8.2 単相誘導電動機の各種始動法 …………………………… 85
3.9 誘導電圧調整器 ………………………………………………… 88
　3.9.1 単相誘導電圧調整器 ……………………………………… 88
　3.9.2 三相誘導電圧調整器 ……………………………………… 89
演 習 問 題 ………………………………………………………………… 90

4. 同 期 機

4.1 同期機の原理 …………………………………………………… 91
　4.1.1 誘導起電力の発生 ………………………………………… 91
　4.1.2 電機子と界磁 ……………………………………………… 92
4.2 種類と構造 ……………………………………………………… 93
　4.2.1 水車発電機 ………………………………………………… 93
　4.2.2 タービン発電機 …………………………………………… 94

4.2.3　エンジン発電機 …………………………………………… 96
　4.2.4　励　磁　方　式 …………………………………………… 96
4.3　誘導起電力と電機子反作用 …………………………………… 97
　4.3.1　誘　導　起　電　力 ………………………………………… 97
　4.3.2　電　機　子　反　作　用 …………………………………… 98
4.4　同期発電機の等価回路 ………………………………………… 100
　4.4.1　電機子漏れリアクタンス ………………………………… 100
　4.4.2　非突極形同期発電機の等価回路 ………………………… 101
　4.4.3　突極発電機のベクトル図と二反作用理論 ……………… 103
4.5　同期発電機の特性 ……………………………………………… 105
　4.5.1　無負荷飽和曲線と短絡曲線 ……………………………… 105
　4.5.2　同期インピーダンスと短絡比 …………………………… 106
　4.5.3　外　部　特　性　曲　線 …………………………………… 107
　4.5.4　自　己　励　磁　現　象 …………………………………… 108
4.6　発電機の並行運転 ……………………………………………… 109
　4.6.1　並行運転に必要な条件 …………………………………… 109
　4.6.2　並行運転条件を満足しないとき ………………………… 111
4.7　同　期　電　動　機 …………………………………………… 113
　4.7.1　同期電動機の原理と等価回路 …………………………… 113
　4.7.2　V　　曲　　線 …………………………………………… 114
　4.7.3　同期電動機の出力特性 …………………………………… 115
4.8　同期電動機の始動 ……………………………………………… 117
　4.8.1　自　己　始　動 ……………………………………………… 118
　4.8.2　外　部　起　動 ……………………………………………… 118
演　習　問　題 ……………………………………………………… 119

5. 直　流　機

5.1　直流機の原理 …………………………………………………… 120
　5.1.1　直　流　発　電　機 ………………………………………… 120
　5.1.2　直　流　電　動　機 ………………………………………… 121

5.2 直流機の構造 ·· 122
5.2.1 基本構成 ·· 122
5.2.2 電機子巻線 ·· 123
5.3 直流機の誘起起電力とトルク ·· 125
5.3.1 直流機の誘起起電力 ·· 125
5.3.2 直流機のトルク ·· 127
5.4 電機子反作用 ·· 128
5.4.1 直流発電機の場合 ·· 128
5.4.2 直流電動機の場合 ·· 129
5.4.3 直軸起磁力と交差起磁力 ·· 130
5.5 整流 ·· 131
5.5.1 整流作用 ·· 131
5.5.2 整流曲線 ·· 132
5.5.3 整流方程式 ·· 132
5.5.4 整流の改善 ·· 133
5.6 直流発電機の種類と特性 ·· 135
5.6.1 直流発電機の種類 ·· 135
5.6.2 他励式 ·· 135
5.6.3 自励式 ·· 137
5.7 直流電動機の特性と用途 ·· 140
5.7.1 基本特性 ·· 140
5.7.2 他励電動機と分巻電動機の特性 ·· 140
5.7.3 直巻電動機の特性 ·· 141
5.7.4 複巻電動機の特性 ·· 142
5.7.5 直流電動機の始動 ·· 143
5.8 直流電動機の速度制御 ·· 144
5.8.1 分巻電動機の速度制御 ·· 144
5.8.2 直巻電動機の速度制御 ·· 146
5.9 直流電気動力計 ·· 148
演習問題 ·· 149

6. 各種電動機

- 6.1 交流整流子電動機 ………………………………………………… 150
  - 6.1.1 単相直巻整流子電動機 ……………………………………… 150
  - 6.1.2 単相反発電動機 ……………………………………………… 151
- 6.2 永久磁石電動機（モータ）………………………………………… 153
  - 6.2.1 スロット形直流モータ ……………………………………… 153
  - 6.2.2 コアレス直流モータ ………………………………………… 153
  - 6.2.3 永久磁石同期電動機 ………………………………………… 154
  - 6.2.4 誘導同期永久磁石電動機 …………………………………… 156
- 6.3 ステッピングモータ ……………………………………………… 156
  - 6.3.1 基本構成 ……………………………………………………… 156
  - 6.3.2 各種ステッピングモータ …………………………………… 157
- 6.4 サーボモータ ……………………………………………………… 158
  - 6.4.1 直流サーボモータ …………………………………………… 158
  - 6.4.2 交流サーボモータ …………………………………………… 159
- 6.5 リニアモータ ……………………………………………………… 160
  - 6.5.1 各種リニアモータ …………………………………………… 160
  - 6.5.2 リニアモータを用いた交通システム ……………………… 161
- 演習問題 ………………………………………………………………… 165

7. 電力用コンデンサ・静止形無効電力補償装置

- 7.1 コンデンサの原理と構造 ………………………………………… 166
  - 7.1.1 電極形状と静電容量 ………………………………………… 166
  - 7.1.2 コンデンサの基本特性 ……………………………………… 167
  - 7.1.3 コンデンサの基本構造 ……………………………………… 167
- 7.2 並列コンデンサによる力率改善 ………………………………… 172
  - 7.2.1 並列コンデンサの効果と力率改善の原理 ………………… 172
  - 7.2.2 高調波フィルタ効果 ………………………………………… 173
- 7.3 交流フィルタ ……………………………………………………… 176

| 7.3.1 高調波の発生とその対策 ……………………………………… 176
| 7.3.2 交流フィルタの基本回路 ……………………………………… 176
| 7.4 直列コンデンサ ……………………………………………………… 179
| 7.5 電力変換装置による無効電力補償 …………………………………… 179
| 7.5.1 他励式静止形無効電力補償装置 ………………………………… 180
| 7.5.2 自励式変換装置による電力制御 ………………………………… 183
| 演 習 問 題 ………………………………………………………………… 186

| 引用・参考文献 ……………………………………………………………… 187
| 演習問題解答のヒント ……………………………………………………… 188
| 索   引 …………………………………………………………………… 192

1. 電気機器の基礎

　現在の社会は，自然エネルギー，機械エネルギーおよび電気エネルギーなどさまざまな形態のエネルギーを利用して発展している。技術の進歩により，現代では，とりわけ電気エネルギーが重要であり，エネルギーを変換する装置には，回転機として直流機・誘導機および同期機などが，静止器として変圧器やコンデンサなどがある。ここでは，電気機器の種類，および電気機器を学ぶうえで重要な，電磁現象，材料および共通事項について述べる。

1.1 電気機器の種類

　電気機器（electric machinery）はエネルギーを変換する装置である。電気機器は回転機と回転部分がない静止器に分けられる。機械エネルギーを電気エネルギーに変換する装置を発電機，電気エネルギーを機械エネルギーに変換する装置を電動機という。交流の電圧・電流の大きさを変える装置を変圧器という。
　また，電力系統の力率改善や高調波対策にコンデンサやリアクトルが使用され，半導体を用いて電圧や周波数を変えたり，直流から交流あるいは交流から直流に変換する電力変換装置がある。
　（1）回　転　機　回転機は大きく発電機と電動機（モータ）に分けられる。さらに両者は**図1.1**の種類に分類できる。
　日本国内の年間の電力消費量は1兆kWh弱であるが，三相電動機が国内電力消費量の50％超を消費している。そのほかの電動機も含めると国内電力消費量の57％を消費している。次いで照明が14％，電熱が10％，ICT（information and communication technology）機器が5％，そのほかが15％程度となる（2008年）。
　回転機は以前は直流機が多数を占めていたが，最近は半導体電力変換装置の

2　1. 電気機器の基礎

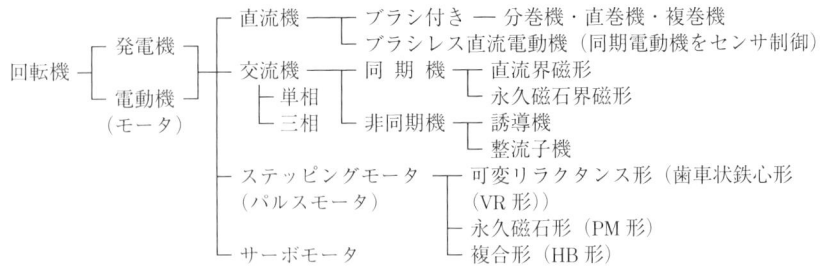

図 1.1　回転機の分類

進歩により容易に電動機の制御ができるようになり，直流電動機よりも小形で堅牢な誘導電動機が使用されるようになってきている。

表 1.1 は国内の年間（2008 年（平成 20 年））の電動機の生産状況である。小形電動機は海外生産が多く，輸入電動機を含めると 10 ％程度増加する。

表 1.1　国内の電動機の生産状況

電動機の種類	生産台数（万台）	生産容量（MW）
三相誘導電動機	603	22 320
単相誘導電動機	685	2 663
その他交流電動機	72	999
直流電動機	4	250

〔出典：エネルギー工学研究所，平成 21 年度省エネルギー設備導入促進指導事業報告書〕

一方，自動車や ICT 機器などの多様化するニーズに合わせて，ブラシレスモータやステッピングモータなども使用されるようになってきている。例えば，デジタルカメラの自動焦点にもステッピングモータが使用されている。また，鉄道用にリニアモータも注目されて，リニア地下鉄や浮上式鉄道に利用されるようになってきている。

（2）**静　止　器**　静止器は回転部分を要しないもので，代表的なものは変圧器であり，電力用の大容量のものから，電子機器，通信機器に使用される小容量のものまである。また，電力系統で電力を安定に供給するために，コンデンサやリアクトルが用いられる。静止器は**図 1.2** のように分類できる。

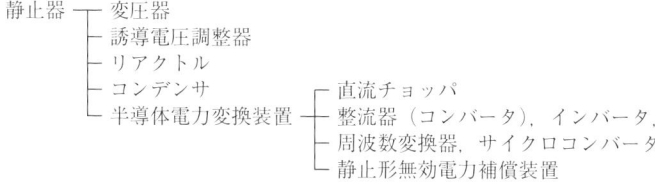

図1.2 静止器の分類

本書では詳しくは扱わないが,最近では電力用半導体の進歩により,半導体を用いた電力変換装置が開発されて,回転機の制御や電力系統の制御,周波数の変換などが行われるようになっている。

1.2 電磁現象

磁石の周辺では磁性体に吸引または反発力が働く。このような空間を**磁界** (magnetic field) という。電気機器では磁界中の導体に電流を流して力を得る電動機,磁界中の導体を移動して誘導される電流を得る発電機がある。磁界は導体に電流を流して作られるが,小形のものは永久磁石を使用することがある。

(1) **磁界** 導体に電流を流すと磁界ができ,**図1.3**に示すように,磁界の向きは**アンペアの右ねじの法則**(Ampere's right hand rule)に従う。図1.3で,r (m) 離れた点の磁界の強さ H (A/m) は次式のようになる。

$$H = \frac{I}{2\pi r} \quad (\text{A/m}) \tag{1.1}$$

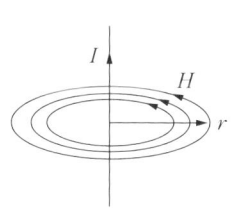

図1.3 電流による磁界

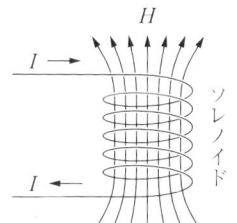

図1.4 ソレノイドコイルと磁界の向き

単位長さ当り w（回）巻きのコイル状の電線（ソレノイドコイル）に電流 I を流すと，**図1.4**に示すように

$$H = wI \quad (\text{A/m}) \tag{1.2}$$

の起磁力が生じる。起磁力 H が $1\,\text{A/m}$ の磁界中に単位磁極を置いたとき，$1\,\text{N}$ の力を発生する磁極を $1\,\text{Wb}$ の磁極という。

磁極から Φ 本の磁束（磁力線）が出るとすると，単位面積当りの磁束密度（magnetic flux density）は $B\,(\text{Wb/m}^2)$ で表される。単位 (Wb/m^2) は SI 単位では，T（テスラ）である。磁界の強さ H と磁束密度 B の間には

$$\left.\begin{array}{l}\text{空気中}: B = \mu_0 H \\ \text{磁性体}: B = \mu_0 \mu_S H\end{array}\right\} \tag{1.3}$$

の関係がある。ここで，μ_0 は真空中（空気中）の**透磁率**（permeability）で，$4\pi \times 10^{-7}\,\text{H/m}$ である。μ_S は比透磁率であり，銅やアルミニウムなどの非磁性体は 1，鉄は 100 〜 数千程度である。

磁束密度は，地磁気が $5 \times 10^{-5}\,\text{T}$ 程度であるのに対して，電気機器では機器により異なるが，$0.5 \sim 1.5\,\text{T}$ 程度である。

（2） 電磁誘導と電磁力　コイルの近くに磁石を置いて，磁束を変化させれば起電力を生じる。起電力の方向は磁束の変化を妨げる方向になり，これを**レンツの法則**（Lenz's law）という。

誘導起電力の大きさは磁束の変化の割合に比例し，巻数 w に比例する。これを電磁誘導に関する**ファラデーの法則**（Faraday's low）といい，誘導起電力は次式で表される。

$$e = -w \frac{d\phi}{dt} \quad (\text{V}) \tag{1.4}$$

磁界に直交して導体を動かした場合，親指を導体の運動の向き，人差し指が磁界の向きとすると，中指の方向に起電力が発生する。これを**フレミングの右手の法則**（Fleming's right hand rule）という（**図1.5**）。導体の長さを $l\,(\text{m})$，導体の速度を $v\,(\text{m/s})$ とすると，起電力は次式で表される。

$$e = Blv \quad (\text{V}) \tag{1.5}$$

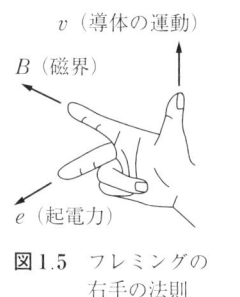
図1.5 フレミングの右手の法則

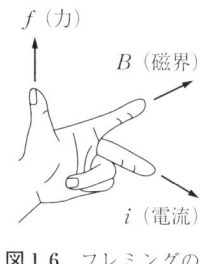
図1.6 フレミングの左手の法則

一方,磁界中にある導体に電流を流せば,人差し指が磁界,中指が電流とすると,親指の方向に電磁力が働く。これを**フレミングの左手の法則**(Fleming's left hand rule)(**図1.6**)という。導体に流れる電流を i (A)とすると電磁力は

$$f = Bli \quad (\mathrm{N}) \tag{1.6}$$

になる。フレミングの法則は回転機の基本になる重要な法則である。

(3) **磁 気 回 路** 電気機器には一般に電磁石が使用される。**図1.7**のように,透磁率が μ の磁性材料を用いて,断面積 S (m^2)の鉄心,平均磁路長 l (m)の磁路を形成し,巻線の巻回数を w (回)とすると,電流 I と磁束 Φ の関係は,F (A)を起磁力,$\Re$ (A/Wb)を磁気抵抗とすると次式で表される。

$$\left.\begin{array}{l} F = wI = \Re\Phi \\ \Re = \dfrac{l}{\mu S} = \dfrac{l}{\mu_0 \mu_s S} \end{array}\right\} \tag{1.7}$$

ここで,$\mu_0 = 4\pi \times 10^{-7}$ (H/m):真空の透磁率,μ_s:比透磁率,である。すなわち,電気回路に対応して,**起磁力**(magnetomotive force)$F = wI$ は電圧に,磁束 Φ は電流に,磁気抵抗 $\Re$ は抵抗に相当する。

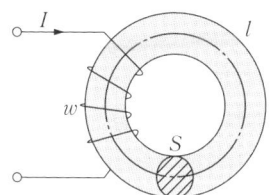
図1.7 磁気回路

1.3 電気機器の材料

(1) 導電材料　導電材料として最も多く使用されているのが銅線である。銅線には**図 1.8** に示すように，断面が円形の丸線と，長方形の平角線がある。図 (a) の丸線は概念であり，本数は平角線に比較して各段に多い。

(a) 丸 線　　(b) 平角線　　図 1.8　銅線の種類[1],†

電線の抵抗は長さ 1 m，断面積 1 mm^2 の純銅の 20 ℃における値が 1/58 Ω であるから次式で表される。

$$R = \frac{1}{58} \times \frac{100}{C} \times \frac{l}{S} \times \{1 + \alpha(T - 20)\} \tag{1.8}$$

ここで，C：％導電率（硬銅：98 %，アルミニウム：61 %，鉄：16 %）
　　　　S：導体断面積（mm^2），l：導体長さ（m），T：温度（℃），
　　　　α：抵抗温度係数

である。**抵抗温度係数**（resistance temperature coefficient）α は温度により変化し，銅線の 20 ℃における値は，0.003 93 である。

(2) 磁性材料　直流機や同期機の継鉄・界磁鉄心のように磁化の方向が一定で，磁束の変化がない部分は厚さ 0.5 〜 4.5 mm の軟鋼板で作られる。小形機の継鉄は鋳鋼で作られることが多い。

変圧器の鉄心や回転機の電機子鉄心では，磁化の方向が周期的に変化するので，**鉄損**（iron loss）を少なくするために，厚さ 0.3 〜 0.65 mm の鋼板を積層して作られる。鋼板としては，1 〜 3.5 % 程度のけい素を添加した**けい素鋼板**

---

† 肩付き番号は巻末の引用・参考文献の番号を示す。

(silicon steel plate）が用いられている。けい素鋼板は磁化特性がよく，ヒステリシス損（hysteresis loss）が小さい。また，薄板にしたものを積層して渦電流損（eddy current loss）を減らしている。薄板の表面はコーティングして絶縁皮膜を設けている。素材である電磁鋼帯は，わが国は IEC 60404-8-4 および IEC 60404-8-7 を基として JIS 規格で**表 1.2** のように標準化されている。

表 1.2　電磁鋼帯の種類（抜粋）

名　称		厚さ (mm)	種類（詳細省略）と鉄損 (50 Hz における鉄損)	磁束密度 (T)
JIS C 2552 (2014)	無方向性 電磁鋼帯	0.35	最大磁束密度 1.5 T で 2.1 ~ 4.4 W/kg 以下	種類により $B_{50}=1.60$ 以上 ないし $B_{50}=1.72$ 以上 B_{50}：磁化力 5 000 A/m における 磁束密度のピーク値
		0.50	2.3 ~ 13 W/kg 以下	
		0.65	3.1 ~ 16.0 W/kg 以下	
JIS C 2553 (2012)	方向性 電磁鋼帯 （普通材）	0.27	最大磁束密度 1.7 T で 1.2 ~ 1.3 W/kg 以下	$B_8=1.78$ 以上 B_8：磁化力 800 A/m における 磁束密度
		0.30	1.2 ~ 1.4 W/kg 以下	
		0.35	1.35 ~ 1.55 W/kg 以下	

けい素量の多いけい素鋼板（電磁鋼帯）は，鉄損は少ないがもろいので，おもに変圧器に使用される。方向性けい素鋼板（電磁鋼帯）(grain oriented silicon steel plate, JIS C 2553) は圧延方向の磁化特性が特に優れており，鉄損も小さく配電用変圧器や大形タービン発電機の電機子などに使用される。

溶融した鉄を急速に冷却して作る**アモルファス磁性体**は，鉄損が著しく小さいので，高効率の配電用変圧器に使用されている。軽負荷時に有利である。

小形モータでは界磁に**永久磁石**（permanent magnet）が使用されてきたが，永久磁石材料の進歩により，数百キロワットの永久磁石同期機も製造されるようになってきている。永久磁石材料は，金属磁石，酸化物磁石，希土類磁石に区分される。金属磁石の代表的なものはアルニコと鉄クロムコバルトであり，酸化物磁石はフェライト磁石で，希土類磁石の代表的なものはサマリウムコバルト（SmCo）磁石とネオジム鉄ホウ素磁石（Nd‐Fe‐B）である。モータ用永久磁石は，フェライト磁石と Nd‐Fe‐B 系磁石が主流である。**図 1.9** は永久磁石の発展過程である。磁石のエネルギーは B–H 曲線の B と H の積に比例する。

8   1. 電気機器の基礎

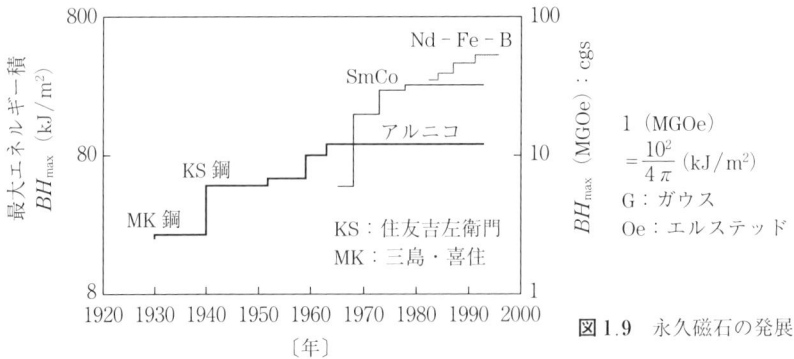

図1.9 永久磁石の発展

（3） 絶縁種別と巻線の温度上昇　電気機器は巻線と鉄心からなっており，巻線相互および巻線と鉄心間を電気的に絶縁する材料が必要である。電気絶縁は電気製品に使用されている絶縁材料および絶縁システムである。

電気機器を使用すると損失のため機器の温度が上昇し，熱放散と釣り合うところで一定の温度に落ち着く。**耐熱クラス**（class of insulation）は電気製品を定格負荷で運転したときに許容できる最高温度をもとに決めた電気絶縁の耐熱クラスであり，**表1.3**のように分類される。JIS C 4003（1998）では，種類と**許容最高温度**（permissible hottest-point temperature）が規定されている。

表中の絶縁材料はJIS規格にはなく，参考である。同一の機器では，耐熱特性の優れた絶縁材料を用いることにより，機器は小形軽量化できる。

表1.3 耐熱クラス（JIS C 4003（1998））

種類	許容最高温度	絶縁材料（参考：JIS規格には示していない）
Y種	90 ℃	絶縁紙，綿，絹など
A種	105 ℃	絶縁紙，綿，絹などをワニス含浸，または油中
E種	120 ℃	エナメル線，エポキシ樹脂をメラミンなどで含浸
B種	130 ℃	マイカ，ガラス繊維などを合成樹脂で含浸
F種	155 ℃	マイカ，ガラス繊維をシリコン等の接着材とともに用いる
H種	180 ℃	マイカ，ガラス繊維をけい素樹脂等の接着材とともに用いる
200	200 ℃	マイカ，磁器，シリコン，ポリアミドイミド，ポリイミドなど
220	220 ℃	
250	250 ℃	

注）250 ℃を超える温度は25 ℃間隔で増し，それに対応する温度の数値で呼称する。

また，電気機器に対して絶縁の耐熱クラスとは別に

$$\text{許容最高温度℃} = \text{周囲温度℃} + \text{温度上昇限度K} + \text{余裕K} \qquad (1.9)$$

という考えに基づき，機器各部の**温度上昇限度**（limit of temperature rise）を定めている。周囲温度は空気の場合は最高40℃で，日平均35℃，年平均20℃以下のときに適用される。例えば，A種絶縁の油入変圧器の場合の温度上昇限度は，油は温度計法で55 K（ケルビン）以下（外気と接触しない），または50 K以下（外気と接触する），巻線（自然循環）は抵抗法で55 K以下としている。

1.4 損失・効率・定格

（1）**損失と効率**　有効に利用されずに失われるものを損失といい，① **鉄損**（iron loss），② **機械損**（mechanical loss），③ **銅損**（copper loss），④ **漂遊負荷損**（stray load loss）などがある。鉄損には**ヒステリシス損**（hysteresis loss）と**渦電流損**（eddy current loss）がある。

無負荷時の損失を無負荷損といい，鉄損，機械損などがある。負荷損は主として，銅損と漂遊負荷損からなる。

電気機器の入力と出力の比を**効率**といい，次式で表される。

$$\eta = \frac{\text{出力}}{\text{入力}} \times 100 (\%) = \frac{\text{入力} - \text{損失}}{\text{入力}} \times 100 (\%) \qquad (1.10)$$

上記の損失を規格に定めた方法で求めて算定した効率を**規約効率**（conventional efficiency）という。

（2）**定　　格**　電気機器を運転する場合は，守るべき電圧，電流などの使用限度があり，これを超えると特性が悪くなったり，機器寿命の低下や著しい場合は焼損が発生する。

機器メーカーが保証する使用限度が決められており，これを**定格**（rating）という。出力の限度を**定格出力**（rated output），定格出力のときの，メーカーが指定する電圧・電流・回転数・周波数などを**定格電圧**（rated voltage），**定**

格電流（rated current），定格速度，定格周波数などという。変圧器では定格電圧と定格電流の積が**定格容量**（rated capacity）となり，単位としてVAやkVAで表す。定格には，連続定格，短時間定格，反復定格がある。

演 習 問 題

【1.1】 銅は（ア）に次いで導電率が大きく，機械特性，価格などの面から導電材料としてよく用いられている。銅を常温で線引加工すると抵抗率が大きくなり，（イ）銅と呼ばれて，回転機の整流子片や（ウ）に使用される。
　　　　上記の記述中の空白箇所（ア）～（ウ）に記入する字句として，正しいものを組み合わせたのは次のうちどれか。
　　　　（1）（ア）銀　　　　　（イ）硬　　（ウ）配電線
　　　　（2）（ア）銀　　　　　（イ）軟　　（ウ）巻線
　　　　（3）（ア）鉄　　　　　（イ）硬　　（ウ）巻線
　　　　（4）（ア）アルミニウム　（イ）軟　　（ウ）配電線
　　　　（5）（ア）アルミニウム　（イ）硬　　（ウ）配電線

【1.2】 電気機器の絶縁は耐熱性の程度により区分されている。絶縁の種類を許容最高温度の高い順に左から右へ並べたものは次のうちどれか。
　　　　（1）H種，B種，E種，A種　　　（2）H種，E種，B種，A種
　　　　（3）H種，F種，E種，B種　　　（4）200，H種，E種，B種
　　　　（5）H種，200，B種，A種

【1.3】 フレミングの右手の法則について説明せよ。

【1.4】 銅線（軟銅線）の巻線の断面積 S が $2\,\mathrm{mm}^2$，長さ l が $50\,\mathrm{m}$ であるとき，$20\,°\mathrm{C}$ における巻線抵抗 R_{20} と，$70\,°\mathrm{C}$ における巻線抵抗 R_{70} を求めよ。

2. 変　圧　器

変圧器（transformer）は回路から交流電力を受けて，電磁誘導作用によって変成して他の回路に電力を供給する機器である。用途としては，送電・配電用，低電圧大電流用，相数変換，絶縁変圧器，計器用変成器，家庭用電気機器電源用，通信機器用などがある。図2.1に発電から家庭や事業所に電気が届くまでの変圧器の役割を示す。

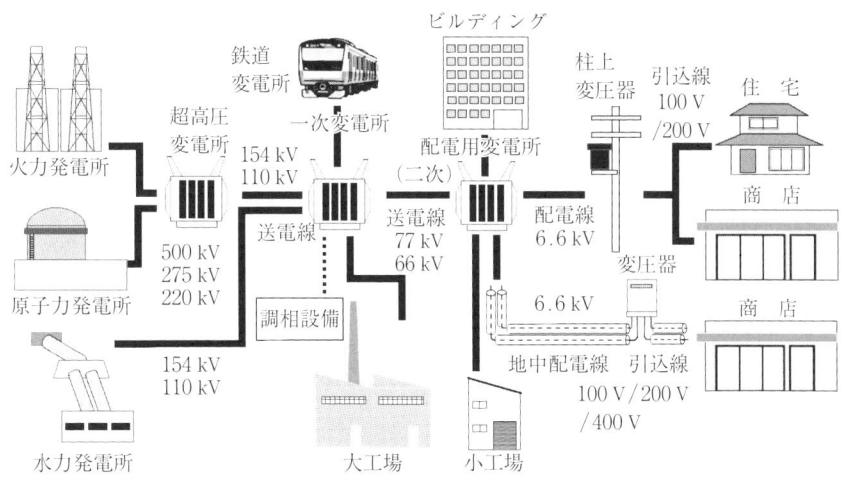

図2.1　発電から家庭や事業所に電気が届くまでの変圧器の役割

2.1 理想変圧器

2.1.1 交流と磁束

変圧器の原理は電磁誘導に関する**ファラデーの法則**（Faraday's low）に基づ

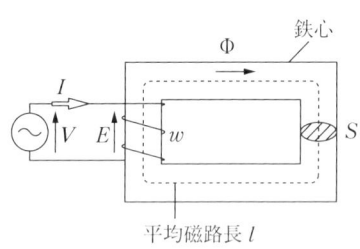

図2.2 鉄心コイルにおける電流と磁束

いており，電気エネルギーから磁気エネルギーを発生させるためにコイルに電流を流している。

図2.2において，磁路として透磁率 μ，断面積 S（m²）の鉄心，平均磁路長 l（m），コイルの巻回数 w（回）とすると，電流 I と磁束 Φ の関係は，F（A）

を起磁力，$\Re$（A/Wb）を磁気抵抗として，次式の関係がある。

$$\left. \begin{array}{l} F = wI = \Re\Phi \\ \Re = \dfrac{l}{\mu S} = \dfrac{l}{\mu_0 \mu_s S} \end{array} \right\} \tag{2.1}$$

ここで，$\mu_0 = 4\pi \times 10^{-7}$（H/m）：真空の透磁率，$\mu_s$：比透磁率，である。コイルの自己インダクタンスは

$$L = \frac{w^2}{\Re} = \frac{\mu S w^2}{l} \quad \text{(H)} \tag{2.2}$$

これより，印加電圧を V（最大値 V_m），角速度を ω とすると，**磁束**（magnetic flux）は次式のようになる。

$$\begin{aligned} \phi &= \frac{wi}{\Re} = \frac{\mu S w i}{l} = \frac{\mu S w}{l} \times \frac{V_m}{\omega L} \cos\left(\omega t - \frac{\pi}{2}\right) \\ &= \frac{V_m}{\omega w} \cos\left(\omega t - \frac{\pi}{2}\right) = \Phi_m \sin \omega t \quad \text{(Wb)} \end{aligned} \tag{2.3}$$

磁束が交流であるので，ファラデーの法則による電磁現象でコイル内に誘起起電力 e（実効値 E）が発生する。

$$e = -w\frac{d\phi}{dt} = -\omega w \Phi_m \cos \omega t$$

(2.4)

これらの関係をベクトル図で示すと，図2.3のようになる。

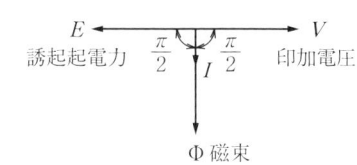

図2.3 印加電圧と誘起起電力

2.1.2 電 圧 比

鉄心に二つの巻線（コイル）が図2.4のように巻かれている。一方の巻線を一次巻線（primary winding），もう一方の巻線を二次巻線（secondary winding）という。まず基本を理解するために巻線の抵抗を無視し，鉄心の透磁率を無限大とし，鉄損を無視したものを考えて，これを**理想変圧器**（ideal transformer）という。一次巻線の巻数を w_1 とし，二次巻線の巻数を w_2 とする。

一次巻線の端子に交流電圧 v_1 を加えると励磁電流が流れ，鉄心中に交番磁束 ϕ を生じ，これによって一次巻線には e_1，二次巻線には e_2 の誘導電圧を発生する。電流の正方向を右ねじの回転方向，磁束の正方向を

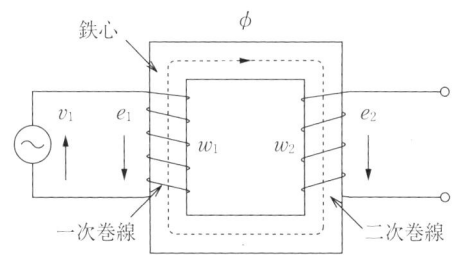

図2.4 変圧器の原理

右ねじの進行方向とすれば，次式のようになる。

$$\left.\begin{array}{l} e_1 = -w_1 \dfrac{d\phi}{dt} \\ e_2 = -w_2 \dfrac{d\phi}{dt} \end{array}\right\}$$

(2.5)

巻線の抵抗を無視し，鉄心の透磁率を無限大とすれば，次式のようになる。

$$v_1 + e_1 = 0 \tag{2.6}$$

一般に，加える電圧は正弦波が多く，その周波数を f とし，$\omega = 2\pi f$，実効値を V_1，**励磁電流**（exciting current）を I_0 とすれば，次式のようになる。

$$v_1 = \sqrt{2}\, V_1 \cos \omega t \\ i_0 = \frac{\sqrt{2}\, V_1}{\omega L_1} \cos\left(\omega t - \frac{\pi}{2}\right) = \sqrt{2}\, I_0 \sin \omega t \Biggr\} \tag{2.7}$$

巻線はインダクタンスのみなので励磁電流は $\pi/2$ rad（90°）遅れ，磁束はこれと同相で，その最大値を Φ_m とすれば，次式のようになる。

$$\phi = \frac{\sqrt{2}\, V_1}{\omega w_1} \sin \omega t = \Phi_m \sin \omega t \tag{2.8}$$

式 (2.5) に式 (2.8) を代入すると

$$e_1 = -\omega w_1 \Phi_m \cos \omega t \\ e_2 = -\omega w_2 \Phi_m \cos \omega t \Biggr\} \tag{2.9}$$

ここで，e_1，e_2 の実効値を E_1，E_2 とし，一次の誘導電圧の向きを逆にとり，二次の電圧，電流の向きを逆にとれば，図 2.5 のようになる。これより，e と E の関係は次式となる。

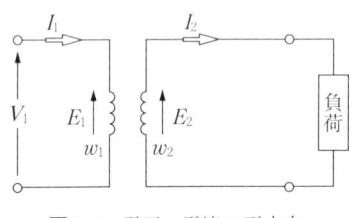

図 2.5　電圧・電流の正方向

$$e_1 = -\sqrt{2}\, E_1 \cos \omega t \\ e_2 = -\sqrt{2}\, E_2 \cos \omega t \Biggr\} \tag{2.10}$$

したがって，次式のようになる。

$$E_1 = \frac{\omega w_1 \Phi_m}{\sqrt{2}} = \frac{2\pi f}{\sqrt{2}} w_1 \Phi_m = 4.44 f w_1 \Phi_m \\ E_2 = \frac{\omega w_2 \Phi_m}{\sqrt{2}} = \frac{2\pi f}{\sqrt{2}} w_2 \Phi_m = 4.44 f w_2 \Phi_m \Biggr\} \tag{2.11}$$

そして，二次巻線の端子には交流電圧 V_2 を生じ，その値は次式のようになる。

$$V_2 = E_2 = \frac{w_2}{w_1} E_1 = \frac{w_2}{w_1} V_1 \tag{2.12}$$

これより

$$\frac{V_1}{V_2} = \frac{E_1}{E_2} = \frac{w_1}{w_2} = a \tag{2.13}$$

ここで，a は一次巻線と二次巻線の**巻数比**（turn ratio）である。

2.1.3 負荷状態と電流比

図 2.6 に示すように,二次巻線の端子間にインピーダンス Z_L を接続すると,二次巻線および Z_L には電流 I_2 が流れる。図 2.7 は電圧・電流のベクトル図である。

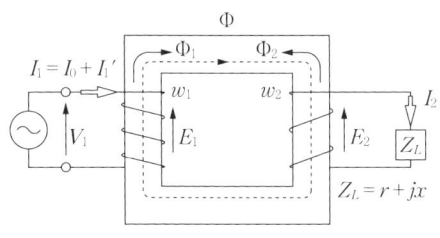

図 2.6　理想変圧器の負荷状態　　　図 2.7　負荷状態のベクトル図

$$I_2 = \frac{V_2}{Z_L} \tag{2.14}$$

二次巻線には起磁力 $w_2 I_2$ が生じ,磁束 Φ_2 が発生する。

$$\Phi_2 = \frac{w_2 I_2}{\Re} \tag{2.15}$$

この磁束を打ち消すように一次巻線に電流 I_1' が流れて磁束 Φ_1 が発生し,主磁束 Φ の大きさは一定を保つことになる。

$$\Phi - \Phi_2 + \Phi_1 = \Phi \tag{2.16}$$

すなわち

$$\left. \begin{aligned} w_1 I_1' &= w_2 I_2 \\ \frac{I_1'}{I_2} &= \frac{w_2}{w_1} = \frac{1}{a} \end{aligned} \right\} \tag{2.17}$$

2.1.4 電　　力

式 (2.13) と式 (2.17) から次式が得られる。

$$P = V_1 I_1' = V_2 I_2 \tag{2.18}$$

式 (2.18) の左辺は一次巻線に流入する皮相電力を表し,右辺は負荷インピーダンスに供給される皮相電力を表す。

2.1.5 二次側の一次側への換算

式 (2.13), (2.14), (2.17) から, 次のように表すことができる。

$$I_1' = \frac{w_2}{w_1} I_2 = \frac{w_2}{w_1} \frac{V_2}{Z_L} = \frac{w_2}{w_1} \frac{w_2}{w_1} \frac{V_1}{Z_L} = \frac{V_1}{a^2 Z_L} = \frac{V_1}{Z_L'} \quad (2.19)$$

ここに

$$Z_L' = a^2 Z_L \quad (2.20)$$

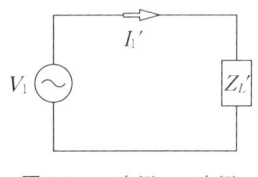

図 2.8 二次側の一次側への換算

よって, 図 2.8 のように書き表すことができる。これを二次側を一次側に換算した等価回路という。また, Z_L' を Z_L の一次側換算値という。

2.2 実際の変圧器

2.2.1 等価回路とベクトル図

実際の変圧器では, ①～④を考慮して等価回路を考える。

① 一次巻線の抵抗 r_1, 二次巻線の抵抗 r_2 を考える。

② 一次巻線と二次巻線の両方に鎖交する主磁束を作るための磁化電流 I_ϕ を考える。

③ 鉄心のほかに空気中を通る磁束も考慮し, それを**漏れリアクタンス** (leakage reactance) で表して, 一次巻線の漏れリアクタンスを x_1, 二次巻線の漏れリアクタンスを x_2 とする。

④ 鉄損電流 I_i を考える。

(1) **励磁回路** 変圧器に加える電圧は一般に正弦波である。この場合は平衡する誘起起電力も正弦波となり, したがってこの誘起起電力を生じる磁束もまた正弦波である。磁束は磁気飽和を考え, 最大値で表す。

変圧器の鉄心には磁気の飽和および**ヒステリシス現象** (hysteresis phenomenon) があり, そのため, **励磁電流**は図 2.9 のように波形がひずむ。

また, 磁束の変化により鉄心内に起電力が生じて渦電流が流れ, **渦電流損**

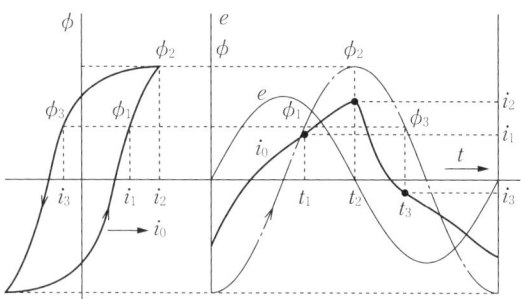

図 2.9 励磁電流の波形

(eddy current loss) が発生する。**鉄損** (iron loss) の約 80 % がヒステリシス損である。B_m (T) を最大磁束密度, σ を材料による値 (厚さ 0.35 mm のけい素鋼板で $\sigma_h = 2.4$, $\sigma_e = 0.6$), $B_m \propto V/f$, k を定数として, ヒステリシス損 P_h, 渦電流損 P_e は次式で表される。なお, 一般に B_m は 1.2〜1.8 T で使用され, 磁束密度 B_m がほぼ 1 T 以上では, これらの損失は B_m^2 に比例する。

$$\left.\begin{array}{l} P_h = \sigma_h \dfrac{f}{100} B_m^2 = \dfrac{k_1 V^2}{f} \quad (\text{W/kg}) \\[2mm] P_e = \sigma_e \left(\dfrac{f}{100}\right)^2 B_m^2 = k_2 V^2 \quad (\text{W/kg}) \end{array}\right\} \tag{2.21}$$

鉄損はヒステリシス損と渦電流損からなり, 電圧 V の 2 乗に比例する。

ここでは, これらの損失を実効値と位相角が等しい正弦波交流電流 I_0 で表すこととして, 図 2.10 に**励磁回路**を, 図 2.11 に励磁電流のベクトル図を示す。

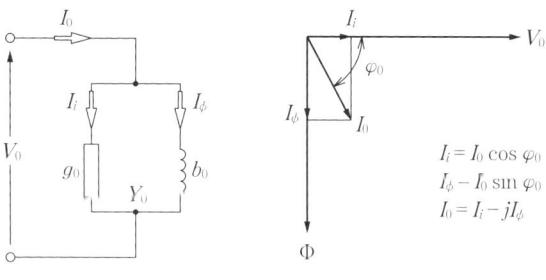

図 2.10 励磁回路   図 2.11 励磁電流のベクトル

I_i の流れる回路をコンダクタンス g_0, I_ϕ の流れる回路をサセプタンス b_0 で表す。**励磁アドミタンス** (exciting admittance) を Y_0, 励磁回路の電圧を V_0

で表すと，これらの関係は次式のようになる．

$$Y_0 = g_0 - jb_0 = \frac{I_0}{V_0}$$
$$I_0 = I_i + I_\phi = g_0 V_0 - jb_0 V_0 = Y_0 V_0 \qquad (2.22)$$

励磁電流は変圧器によるが，定格電流の1～5％程度である．

（2） 等 価 回 路　　抵抗，漏れリアクタンス，鉄損を考慮すると，**変圧器等価回路**（equivalent circuit）は理想変圧器の一次巻線に励磁アドミタンスを並列に接続し，**図2.12**のように表すことができる．

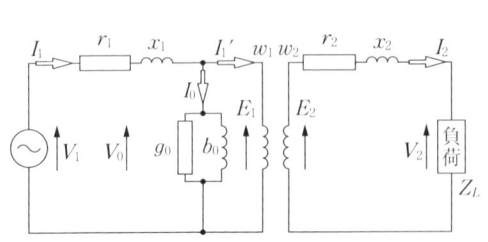 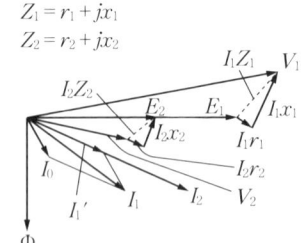

図2.12　実際の変圧器の回路　　　　図2.13　変圧器のベクトル図

一般的な変圧器のベクトル図を**図2.13**に示す．一次端子電圧 V_1 を加えると一次電流 I_1 が流れる．さらに V_1 から，r_1 と x_1 で生じた電圧降下を減じた V_0 より $\pi/2$ rad（90°）遅れて I_ϕ が流れる．これにより主磁束 Φ を生じる．

一次巻線には V_0 に等しい誘導電圧 E_1 を生じ，二次巻線にはこれに**巻数比**の逆数を乗じた誘導電圧 E_2 を生じる．すなわち

$$E_2 = \frac{w_2}{w_1} E_1 \qquad (2.23)$$

この E_2 から二次巻線の r_2，x_2 と二次電流 I_2 による電圧降下を引いたものが二次端子電圧 V_2 となる．

二次端子につなぐ負荷インピーダンスを Z_L とすれば

$$I_2 = \frac{V_2}{Z_L} \qquad (2.24)$$

が二次側に流れ，これにより生じる起磁力を打ち消すように一次側に I_1' が流

$$I_2 w_2 = I_1' w_1 \tag{2.25}$$

この I_1' と I_0 との和が I_1 となる。すなわち

$$I_1 = I_0 + I_1' \tag{2.26}$$

図 2.8 と同様に，二次側を一次側に換算した T 形等価回路は，**図 2.14** のようになる。等価回路のベクトル図を**図 2.15** に示す。二次側の一次側への換算値は次のとおりである。

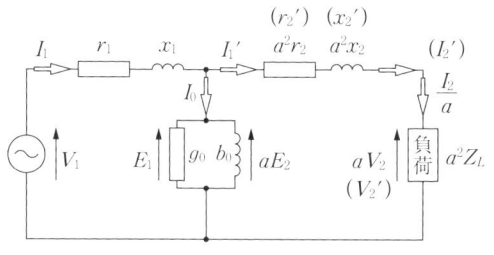
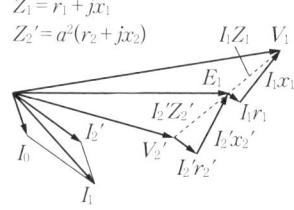

図 2.14　T 形等価回路　　　　図 2.15　T 形等価回路のベクトル図

$$\left. \begin{array}{l} r_2' = a^2 r_2 \\ x_2' = a^2 x_2 \\ I_2' = \dfrac{I_2}{a} = I_1' \end{array} \right\} \tag{2.27}$$

さらに，一般の変圧器では $r_1 + jx_1$ は小さいので，**図 2.16** のような**簡易等価回路**（approximate equivalent circuit，L 形等価回路）で表すと計算が容易になり，特性計算によく用いられる。

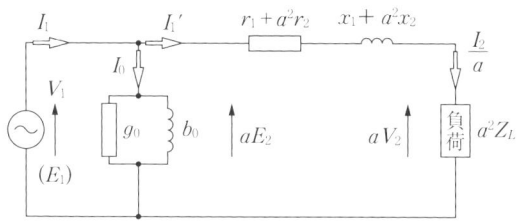

図 2.16　変圧器の簡易等価回路（L 形等価回路）

2.2.2 等価回路定数

等価回路定数は設計的には鉄心の寸法,巻線の寸法,巻数などから計算により求められる。製品については次のような測定試験により求めることができる。

(1) 巻線抵抗測定　抵抗測定は直流電源を用いてブリッジで測定するか,電圧降下法により行う。測定時の温度を t(℃),抵抗値を r_t とし,使用時の巻線温度 T(℃)における抵抗 r_T は,銅線の 20 ℃における抵抗を r_{20},温度係数を $\alpha_{20} = 0.00393$ とすると

$$\left. \begin{array}{l} r_t = r_{20}\{1+\alpha_{20}(t-20)\} \\ r_T = r_{20}\{1+\alpha_{20}(T-20)\} \end{array} \right\} \tag{2.28}$$

の関係から,r_{20} を消去して次式で表される。

$$r_T = \frac{1/\alpha_{20} + T - 20}{1/\alpha_{20} + t - 20} r_t = \frac{234.5 + T}{234.5 + t} r_t \quad (\Omega) \tag{2.29}$$

ここで,T は**基準巻線温度**であり,JEC‐2200(電気学会:電気規格調査会規格)では次のように定めている。

A 種絶縁および油入変圧器:75 ℃　　E 種絶縁:90 ℃
B 種絶縁:95 ℃,F 種絶縁:115 ℃,H 種絶縁:140 ℃

(2) 無負荷試験　無負荷試験(no-load test)は**図 2.17** のように二次側を開放し,一次側に定格電圧 V_0 を加えて電流 I_0 と電力 P_0 を測定する。電源側の巻線の電圧降下を無視すれば,励磁回路の定数は次のように求められる。

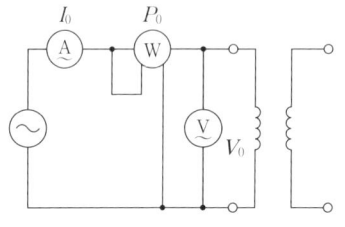

図 2.17　無負荷試験

$$\left. \begin{array}{l} Y_0 = \dfrac{I_0}{V_0} \quad (S) \\ g_0 = \dfrac{P_0}{V_0^2} \quad (S) \\ b_0 = \sqrt{Y_0^2 - g_0^2} \quad (S) \end{array} \right\} \tag{2.30}$$

ここで,電力 P_0 は

$$P_0 = V_0 I_0 \cos\varphi_0 = g_0 V_0^2 \tag{2.31}$$

となり,電圧の 2 乗に比例する。

また，励磁回路の力率を $\cos\varphi_0$ とすると

$$\left.\begin{array}{l} I_i = I_0 \cos\varphi_0 = g_0 V_0 \quad (\mathrm{A}) \\ I_\phi = I_0 \sin\varphi_0 = b_0 V_0 \quad (\mathrm{A}) \end{array}\right\} \tag{2.32}$$

より

$$\cos\varphi_0 = g_0 \frac{V_0}{I_0} \tag{2.33}$$

となり，$\cos\varphi_0$ は電圧の上昇に従い，上部に凸の傾向になる。

実用的には電圧の高い端子を開放し，電圧の低い端子から測定を行うのが容易であり，一般に電圧の低い二次端子から測定を行う。二次側から測定した場合は，Y_0, g_0, b_0 の一次換算値は巻数比 a の2乗で割って求める。

(3) 短絡試験　短絡試験 (short circuit test) は図 2.18 のように二次側を短絡し，一次側に低電圧を加えて定格電流 I_S になるように調整した電圧を V_S とし，鉄損を無視すれば P_S は負荷損になる。定格運転時の P_S をインピーダンスワット，V_S をインピーダンス電圧という。

電流計で測定した電流は I_0 を含んでいるが，二次側が短絡されているため，供給電圧はかなり低いので励磁電流は小さく**励磁アドミタンス**は無視できる。

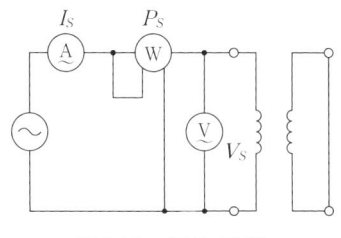

図 2.18　短 絡 試 験

$$\left.\begin{array}{l} r = r_1 + a^2 r_2 = \dfrac{P_S}{I_S^2} \quad (\Omega) \\ x = x_1 + a^2 x_2 = \sqrt{Z^2 - (r_1 + a^2 r_2)^2} = \sqrt{\left(\dfrac{V_S}{I_S}\right)^2 - \left(\dfrac{P_S}{I_S^2}\right)^2} \quad (\Omega) \end{array}\right\} \tag{2.34}$$

一次側の電圧が二次側より低い場合は，一次側を短絡し，二次側から低電圧を加えることもある。

2.3 変圧器の特性

2.3.1 電圧比と電流比

(1) 電 圧 比 実際の変圧器の**電圧比**(voltage ratio)を図 2.16 の簡易等価回路により求めると,次のとおりである。

$$\frac{V_1}{V_2}=\frac{V_1}{V_2'/a}=\frac{aV_1}{V_1-I_1'Z}=\frac{aV_1}{V_1-\dfrac{V_1}{Z+Z_L'}Z}=a\frac{Z+Z_L'}{Z_L'} \quad (2.35)$$

ここで,$Z=r_1+a^2r_2+j(x_1+ja^2x_2)$,$Z'=a^2Z_L$ である。式 (2.35) で,$Z=0$ とすれば $V_1/V_2=a$ となり,理想変圧器と同じになる。

(2) 電 流 比 実際の変圧器の**電流比**(current ratio)を簡易等価回路により求めると,次のとおりである。

$$\frac{I_1}{I_2}=\frac{I_1}{aI_1'}=\frac{I_0+I_1'}{aI_1'}=\frac{V_1Y_0+\dfrac{V_1}{Z+Z_L'}}{\dfrac{aV_1}{Z+Z_L'}}=\frac{(Z+Z_L')Y_0+1}{a} \quad (2.36)$$

この式で $Y_0=0$ とすれば,$I_1/I_2=1/a$ となり,理想変圧器と同じになる。

2.3.2 電力と効率

変圧器には損失があり,出力電力に全損失を加えたものが入力電力になる。この入力電力に対する出力電力の比を**効率**(efficiency)という。

$$\begin{aligned}\text{効率}\ \eta &= \frac{\text{出力}}{\text{出力}+\text{損失}}\times 100 \\ &= \frac{V_2I_2\cos\theta}{V_2I_2\cos\theta+P_i+I_2^2R'}\times 100 \quad (\%)\end{aligned} \quad (2.37)$$

ここで,P_i:鉄損,$I_2^2R'=P_C$:基準巻線温度に換算した銅損,R':二次換算の全抵抗である。

出力電圧,負荷力率一定で負荷電力を変化させると**図 2.19** の特性が求められる。

最大効率は，分母が最小になるときであり，

$$y = V_2 \cos\theta + \frac{P_i}{I_2} + I_2 R' \quad (2.38)$$

とおいて，I_2 で微分して零とおけば次式のように求められる．

$$\frac{dy}{dI_2} = -\frac{P_i}{I_2^2} + R' = 0 \quad (2.39)$$

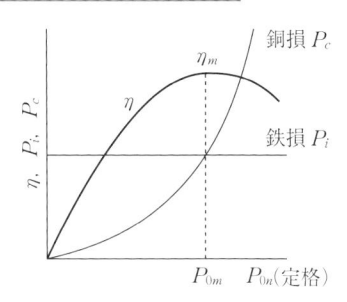

図 2.19 変圧器の出力と効率

これより，$P_i = I_2^2 R' = P_C$ となり，鉄損と銅損が等しいときに効率は最大になる．変圧器の定格容量に等しい力率 1 の負荷における効率は，小形器で 95 % 程度，大形器で 99 % 程度である．

変圧器の負荷は一般に時間とともに変化する．1日の出力電力の積算値 W_{out} と，入力電力の積算値 W_{in} との比で表したものを，**全日効率**（all day efficiency）という．無負荷損（鉄損）を P_i，負荷損（銅損）の積算値を W_C とすると，次式で表される．

$$\eta = \frac{W_{out}}{W_{in}} \times 100$$

$$= \frac{W_{out}}{W_{out} + 24P_i + W_C} \times 100 \quad (\%) \quad (2.40)$$

全日効率を高くするには，最大効率を高く，鉄損を少なく設計する必要がある．

2.3.3 電圧変動率

変圧器に負荷を加えて，二次端子電圧が定格電圧 V_{2n} のときに，負荷を除いたら二次端子電圧が V_{20} になったとすると，**電圧変動率**（voltage regulation）は次式で表される．

$$\varepsilon = \frac{V_{20} - V_{2n}}{V_{2n}} \times 100 \quad (\%) \quad (2.41)$$

電圧変動率を回路定数から求めるために，図 2.20 の二次側換算簡易等価回路と，図 2.21 のベクトル図を考える．

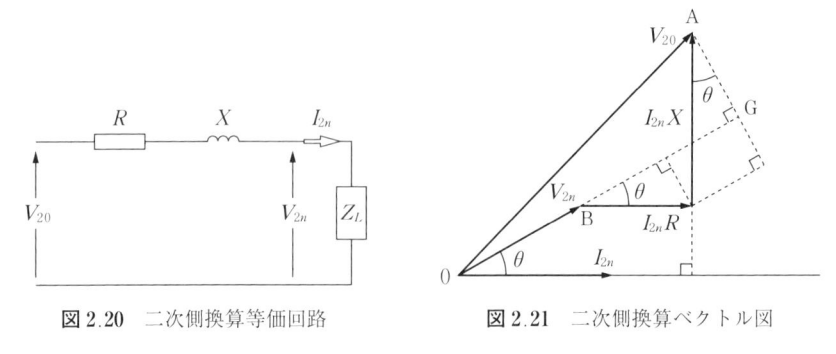

図 2.20 二次側換算等価回路　　**図 2.21** 二次側換算ベクトル図

一次側を二次側に換算し，一次巻線と二次巻線の抵抗を合計したものを R，**漏れリアクタンス**(leakage reactance)を合計したものを X とおくと次のようになる。

$$\left. \begin{array}{l} R = \dfrac{r_1}{a^2} + r_2 \\[2mm] X = \dfrac{x_1}{a^2} + x_2 \end{array} \right\} \tag{2.42}$$

図 2.21 から

$$\left. \begin{array}{l} V_{20}^{\,2} = \overline{0A}^{\,2} = \left(\overline{0B} + \overline{BG}\right)^2 + \overline{AG}^{\,2} \\[2mm] \quad = \left(V_{2n} + I_{2n}R\cos\theta + I_{2n}X\sin\theta\right)^2 + \left(I_{2n}X\cos\theta - I_{2n}R\sin\theta\right)^2 \end{array} \right\} \tag{2.43}$$

電圧変動率は

$$\varepsilon = \frac{V_{20} - V_{2n}}{V_{2n}} \times 100 = \left(\frac{V_{20}}{V_{2n}} - 1\right) \times 100$$

$$= \left\{\sqrt{\left(1 + \frac{I_{2n}R}{V_{2n}}\cos\theta + \frac{I_{2n}X}{V_{2n}}\sin\theta\right)^2 + \left(\frac{I_{2n}X}{V_{2n}}\cos\theta - \frac{I_{2n}R}{V_{2n}}\sin\theta\right)^2} - 1\right\} \times 100$$

$$= \left\{\sqrt{(1+A)^2 + B^2} - 1\right\} \times 100 = \left\{(1+A)\sqrt{1 + \left(\frac{B}{1+A}\right)^2} - 1\right\} \times 100 \tag{2.44}$$

ここで

$$\left. \begin{array}{l} A \equiv \dfrac{I_{2n}R}{V_{2n}}\cos\theta + \dfrac{I_{2n}X}{V_{2n}}\sin\theta \\[3mm] B \equiv \dfrac{I_{2n}X}{V_{2n}}\cos\theta - \dfrac{I_{2n}R}{V_{2n}}\sin\theta \end{array} \right\} \tag{2.45}$$

2.3 変圧器の特性

また，$I_{2n}R$，$I_{2n}X$ は V_{2n} に比べてかなり小さいので，A，B は 1 に比べてかなり小さい。級数展開して第 3 項以上を省略し（2 項定理：$\sqrt{1+x} \fallingdotseq 1+x/2$），$1+A \fallingdotseq 1$ とする。

$$\varepsilon = \left\{(1+A)\left[1+\frac{1}{2}\left(\frac{B}{1+A}\right)^2\right]-1\right\} \times 100 \fallingdotseq \left(A+\frac{B^2}{2}\right) \times 100 \tag{2.46}$$

また，次式の p を**百分率抵抗降下**（percentage resistance drop），q を**百分率リアクタンス降下**（percentage reactance drop）という。

$$\left.\begin{array}{l} p = \dfrac{I_{2n}R}{V_{2n}} \times 100 \\[2mm] q = \dfrac{I_{2n}X}{V_{2n}} \times 100 \end{array}\right\} \tag{2.47}$$

これを用いて**電圧変動率** ε を表せば次のようになる。

$$\varepsilon = p\cos\theta + q\sin\theta + \frac{1}{200}(q\cos\theta - p\sin\theta)^2 \quad (\%) \tag{2.48}$$

さらに，実用式として負荷力率が 0.8 程度の場合は，第 3 項を省略して

$$\varepsilon \fallingdotseq p\cos\theta + q\sin\theta \quad (\%) \tag{2.49}$$

が用いられる。**表 2.1** は変圧器の特性例である。

表 2.1 変圧器の特性例（文献 2）より抜粋）

定格容量 (kVA)	定格電圧 (kV)	無負荷電流[1] (％)	無負荷損[2] (％)	p (％)	q (％)	ε[3] (％)	効率[3] (％)
5	6.3	9.0	1.0	2.7	1.2	2.7	96.4
50	6.3	5.0	0.64	1.5	3.6	1.6	97.8
100	6.3	1.2	0.43	1.05	5.4	1.2	98.5
3 000	66.0	4.7	0.52	0.80	6.8	1.03	98.7
15 000	169.0	3.0	0.38	0.58	9.3	1.05	99.0

注（1）全負荷電流に対する百分率
（2）定格容量に対する百分率
（3）定格容量に等しい力率 1 の負荷の場合の値

電圧変動率は，力率が 1 の場合は電力用の小容量で 2～3 ％，大容量で 1 ％程度である。変圧器の電圧変動率が小さいと故障電流が大きくなり，電圧変動率が大きいと電圧降下が大きくなる。インピーダンス電圧（$I_{2n} \times Z$）と定格電

圧（V_{2n}）の比を百分率で表したものを％インピーダンス（百分率インピーダンス降下）といい，電力用では，抵抗分≪リアクタンス分であり，定格容量基準で，一般に，高圧用で 1 ～ 5 ％，特別高圧用で 6 ～ 9 ％，超高圧用で 10 ～ 15 ％程度を用いている。

2.3.4 過渡励磁突入電流

大形の変圧器で二次側を開いて，一次側に電圧を印加した瞬間に，定格電流の数倍の大きさの**無負荷励磁突入電流**（no-load exciting rush current）が流れることがある。その強さは一次側を閉じた瞬間の一次端子電圧の位相によって決定される。

一次印加電圧を $V_{m1}\sin(\omega t+\alpha)$，鉄心の磁束を ϕ とし，一次抵抗を無視すれば

$$w_1\frac{d\phi}{dt}=V_{m1}\sin(\omega t+\alpha) \tag{2.50}$$

となる。これを積分して

$$\int_{\phi_0}^{\phi}d\phi=\frac{V_{m1}}{w_1}\int_0^t\sin(\omega t+\alpha)dt \tag{2.51}$$

これより t における磁束は

$$\phi=\phi_0+\Phi_m\{\cos\alpha-\cos(\omega t+\alpha)\} \tag{2.52}$$

ここで

  ϕ_0 は $t=0$ における磁束（鉄心中の残留磁束）

  $\Phi_m=\dfrac{V_{m1}}{w_1\omega}$

  $\phi_0+\Phi_m\cos\alpha$ は $t=0$ の初期条件により定まる過渡磁束

  $\Phi_m\cos(\omega t+\alpha)$ は定常磁束

である。$\phi_0=0$ の場合について，以上の関係を図示すれば**図 2.22** のようになり，電圧 v_1 の位相角 $\alpha=\pi/2\,\mathrm{rad}$（90°）で閉じれば過渡現象は発生しないが，電圧の位相角 $\alpha=0$ で閉じれば磁束の変化が大きく $2\Phi_m$ になる。

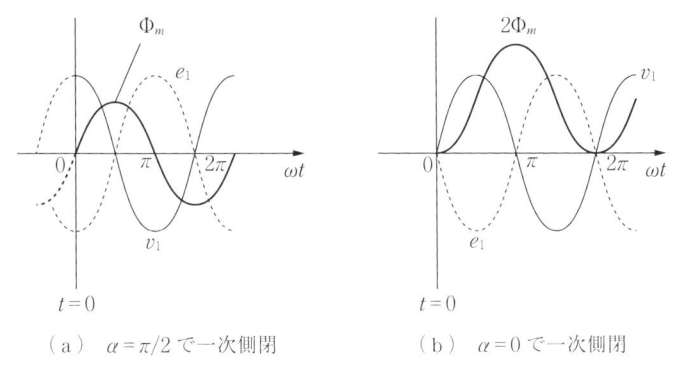

(a) $\alpha = \pi/2$ で一次側閉　　(b) $\alpha = 0$ で一次側閉

図 2.22　一次側の電圧投入位相と磁束の変化（$\phi_0 = 0$ の場合）

　この結果，無負荷変圧器の一次側を $\theta = 0$ 付近で閉じた場合は，鉄心が飽和するため図 2.23 に示すように，磁束 ϕ と同位相（電圧との位相差が $\pi/2$）の半波の大きな励磁突入電流が発生する．実際には抵抗分があるため，無負荷励磁突入電流は数秒から数分で減衰する．

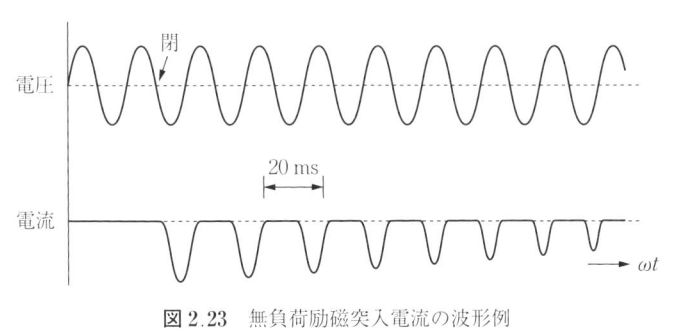

図 2.23　無負荷励磁突入電流の波形例

2.4　変圧器の構造

2.4.1　基本構成

（1）**外　　観**　変圧器の例として，送電・配電用に用いられている油入変圧器の外観例を図 2.24 および図 2.25 に示す．変圧器の本体は鉄心と巻線からなり，絶縁油を満たした外箱に収めて巻線の冷却と絶縁を高めている．

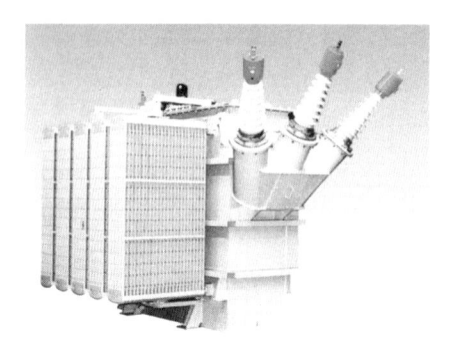

図 2.24 三相電力用変圧器（66 kV/6.6 kV 10 MVA 窒素封入，東芝パンフレットより）

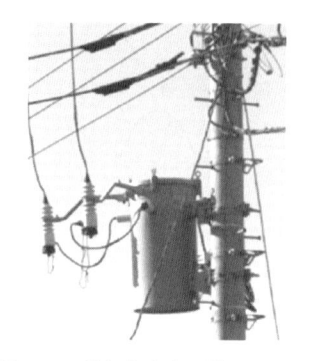

図 2.25 単相柱上変圧器（6.6 kV/(100 V+100 V)·50 kVA）

巻線の口出し線（lead wire）は，磁器製の管の中に導体の通ったブッシングを用いている。

（2）構　　造　　変圧器は鉄心と巻線の位置関係により，図 2.26 のように，**内鉄形変圧器**（core type transformer）と**外鉄形変圧器**（shell type transformer）に分けられる。

a) 内鉄形は鉄心を包むように巻線が巻かれており，磁気回路が共通の継鉄（yoke）を持つ脚鉄（leg）を持っている。

b) 外鉄形は積層鉄心が巻線を囲み，つねにそれらの大部分を取り囲むものである。外鉄形は巻線の口出し線の取り出しが容易である。

c) 図 2.27 は，**センタコア形変圧器**（center core type transformer）であ

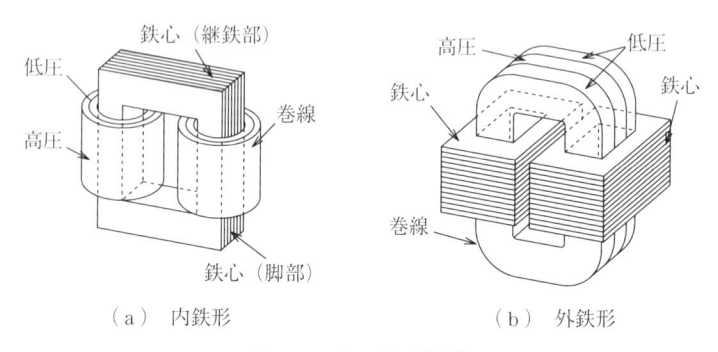

（a）内鉄形　　　　　　　　（b）外鉄形

図 2.26　変圧器の構造[3]

2.4 変圧器の構造

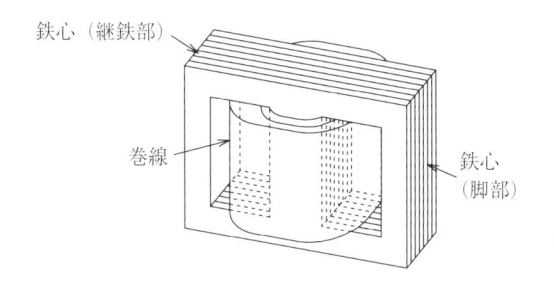

図2.27 センタコア形変圧器

り,「日」の字を横にした形である。中央の脚に同心円状に一次巻線と二次巻線が巻かれている。「口」の字形の鉄心に比べて磁束が両側の側脚に分散するため,継鉄の高さを低くできる。

(3) 鉄　　心　鉄心には,比透磁率および抵抗率が大きく,ヒステリシス損の小さい約4％のけい素を含有した**けい素鋼板**を使用する。冷間圧延けい素鋼帯や方向性けい素鋼帯が用いられる。

表面には絶縁皮膜やコーティングが施して絶縁してあり,普通0.3 mm程度(表1.1参照)の厚さのものを重ねて用い,**成層(積層)鉄心**(laminated core)として渦電流を流れにくくして損失を少なくする。

断面積に対する鉄の占める割合を**占積率**(space factor)といい,0.95程度である。鉄心には長方形の鋼板を積み重ねる積鉄心形と,方向性けい素鋼帯を**図2.28**のように巻く**巻鉄心形**(wound core type)がある。巻鉄心形は鉄損と励磁電流が著しく小さく,200 kVA以下の小容量の配電用変圧器に用いられる。磁束を圧延方向に通している。

表2.2はけい素鋼板と最大磁束密度の関係であり,一般には$1.2 \sim 1.8$ Tで使用される。

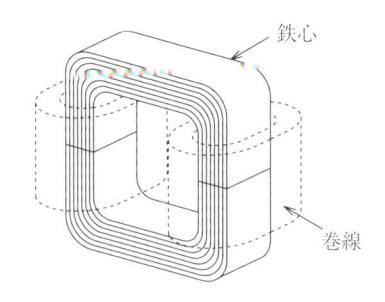

図2.28 巻鉄心形変圧器の構造

表 2.2 けい素鋼板と最大磁束密度

周波数 f (Hz)	最大磁束密度 B_m (T)	
	熱間圧延けい素鋼板	冷間圧延けい素鋼板
50	1.4	1.7～1.75
60	1.35	1.65

例題 一次電圧 50 Hz・100 V で，鉄心の有効断面積を $9\,\mathrm{cm}^2$ にしたい。最大磁束密度を 1.4 T にするには，一次巻線は何回巻けばよいか。

（**解答**）

$$E_1 = 4.44 f w_1 S B_m$$

$$w_1 \geq \frac{V_1}{4.44 f S B_m} = \frac{100}{4.44 \times 50 \times 9 \times 10^{-4} \times 1.4} = 358 \quad (\text{回})$$

（4）巻線 電線は普通は銅線であるがアルミニウム線もある。小形変圧器は丸線，大形変圧器は平角線を用いる。小形では鉄心に絶縁を施し，その上に直接，被覆銅線を巻く直巻もあるが，中・大形では木の巻型または絶縁筒に**巻線**（winding）を巻く型巻とし，後から鉄心を組み立てる。

円筒コイル（cylindrical coil）（**図 2.29**（a）），ら状コイル（ヘリカル巻線，helical coil）（図（b）），連続円板コイル（図（c）），**円板コイル**（disc coil）（図（d）），長方形コイル（図（e）) などが用いられる[4]。ら状コイルは多数本が並列で大電流通電である。連続円板コイルは始めから連続的に一条の導体で巻いたものである。双成コイル（twin coil）は片方のコイル板は外から内に

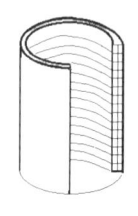

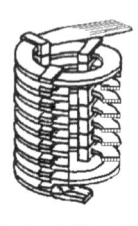

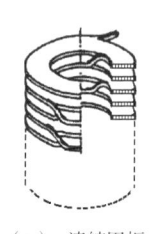

(a) 円筒コイル　(b) ら状コイル　(c) 連続円板コイル　(d) 円板コイル（双成コイル）　(e) 長方形コイル（双成コイル）

図 2.29　中・大形変圧器の巻線

巻き，それに続けてもう一つのコイル板を内から外に巻き，この二層を一対としたものである。

一次巻線と二次巻線の配置は，漏れリアクタンスを小さくするため，同心配置（図 2.30（a））や交互配置（図（b））とする。同心配置では，鉄心と巻線間の絶縁，および巻線から出す口出し線の絶縁の容易さから，低圧巻線を内側の鉄心側に，高圧巻線を低圧巻線の外側に配置している。また，絶縁筒や，冷却のため油の通り道を確保している。

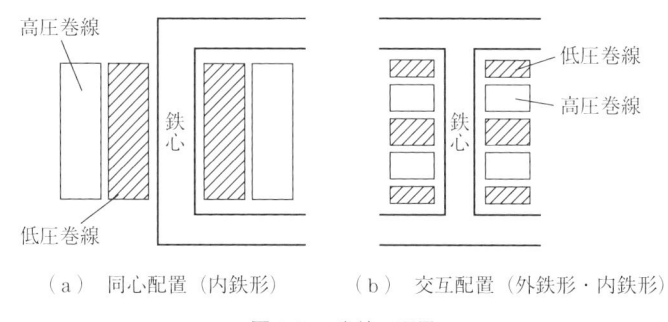

（a） 同心配置（内鉄形）　　（b） 交互配置（外鉄形・内鉄形）

図 2.30　巻線の配置

（5） 絶　縁　材　　変圧器の絶縁は，電線の絶縁，鉄心と巻線相互の絶縁，口出し線と外箱の絶縁がある。小形変圧器は乾式変圧器である。中形や大形の変圧器は一般に絶縁油入り変圧器が多いが，火災予防上必要な場合はガス絶縁（SF_6）や乾式変圧器が用いられる。なたね油やパームヤシ油など植物油も登場している。また，交流電気車では，「けい石」を材料に作られた，高引火点（250℃以上）で自己消炎性に優れたシリコーン油を絶縁材料として用いて車両用変圧器の小形化を図っている。シリコーン油は電力用変圧器にも用いられつつある。

電線の絶縁材は許容温度ごとに分類されており，表 1.3 のように表される。油入変圧器のコイル部の絶縁は，クラフト紙やプレスボードに代表される絶縁物であるが，高温により劣化が進むため，1990 年頃から耐熱性能を向上させたアラミド絶縁紙が使用され始めている。

（6） 外箱と冷却方式　　変圧器の鉄心で生じる鉄損および巻線で生じる銅

損などにより，変圧器内部の温度が上昇する。変圧器の温度が上昇すると絶縁が劣化することになる。したがって温度上昇を許容値内にするため，**冷却**（cooling）が必要である。変圧器は乾式変圧器と絶縁油を用いた油入変圧器がある。このほかに難燃性に優れたガス絶縁変圧器などがある。油入変圧器は鉄心に巻線を施したものをクラフト紙，マイカ，シリコーンゴムテープなどで絶縁して，軟鋼板の外箱（タンク）に入れて油中に浸しており，A種絶縁である。

2.4.2 冷却方式

（1） **乾式変圧器**　図2.31は自冷式の樹脂モールド形乾式変圧器（molded dry type transformer）の外観である。耐熱性に優れたレジン（F種・H種絶縁）でモールドしているため絶縁性が高く，火災の危険が少ない。巻線をモールドしているため湿気や塵埃に対して絶縁性が安定している。33 kVクラス以下の変圧器に使用されている。

（2） **油入変圧器**　油入変圧器（oil immersed transformer）のうち，図2.32は高圧変圧器（6.6 kV）の中身構造，図2.33は特別高圧変圧器（22 kV，66 kVなど）の中身構造の例

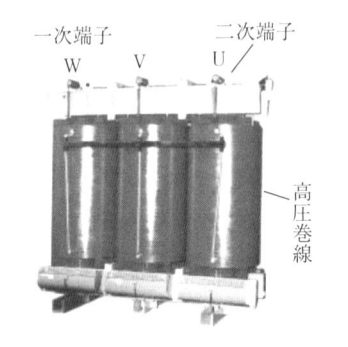

図2.31　樹脂モールド形乾式変圧器（三相）

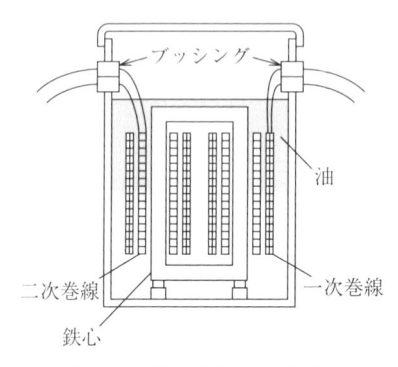

図2.32　高圧変圧器の中身構造

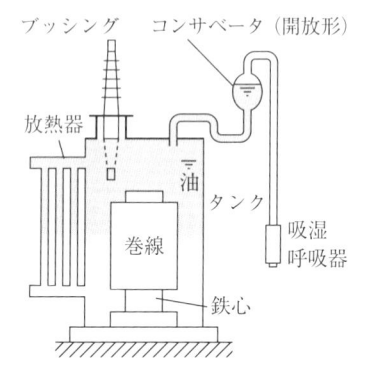

図2.33　特別高圧変圧器の中身構造

である．巻線の口出し線は外箱から絶縁するためにブッシングを通して外部に引き出している．

　一般に，油入変圧器では固体絶縁部は110℃ぐらいから，油は90℃ぐらいから劣化が始まるといわれている．冷却には次のような方式がある．

a）油入自冷式変圧器（oil-immersed self-cooled transformer）　変圧器のタンク本体（図2.32）や，タンクの周囲に取り付けた波形放熱板，または油の通る冷却器（図2.33）の中を絶縁油が自然対流して，外箱からの熱の放射および空気の対流で熱を放散させる方式である．保守が容易であり，小・中容量の変圧器などに用いられる．

b）油入風冷式（oil-immersed forced-air-cooled transformer）　油入風冷式は冷却器の側面または下部から冷却扇により空気を吹き付けて，冷却効果を増した変圧器である．自冷式に比べて20～30％の容量増が可能である．

c）送油自冷式（oil-immersed forced-oil-self cooled transformer）　送油自冷式は冷却器をタンクから分離して設置するときなど，絶縁油の自然対流では十分な冷却が得られない場合に送油ポンプで油を強制的に循環させ，冷却器で自然冷却する方式である．

d）送油風冷式（oil-immersed forced-oil-forced-air cooled transformer）
　送油風冷式はタンク内の油をポンプにより上部から冷却器に導き，冷却器は送風機で空気を強制対流させて冷却する方式で，30 MVA以上の大容量変圧器に用いられる．ポンプと送風機の入力和は全損失の5％程度とされる．負荷に応じて送風機を制御して補機損失を節約している．

（3）ガス絶縁変圧器　ガス絶縁変圧器（gas insulated transformer）は絶縁特性，冷却特性，熱安定性に優れ，不燃性のSF_6ガスを変圧器本体とともに，タンク内に収納した変圧器である．地下など不燃性が要求される場所に使用されるが，高価格や特性面で使用箇所が限定される．

2.4.3　絶縁油の劣化防止とコンサベータ

　変圧器用絶縁油（insulated oil）は鉱油を用い，① 絶縁耐力が高い，② 引

火点が高く安全性に富むこと，③ 高温でも析出物を生じたり酸化しない，④ 流動性が高く冷却作用がよい，ことがあげられる。これに対し，JIS C 2320 でその特性が規定されており，一般には JIS 規格の 2 号が使用される。しかし，空気に接触すると酸素と反応して酸化により劣化したり，熱による膨張収縮のためにタンク中に外気を吸い込む**呼吸作用**によって水分が含まれると油の絶縁が著しく低下する。そのため，小形や中形の変圧器ではタンクに窒素を密封した，**窒素封入変圧器**（nitrogen-sealed transformer）を用いたり，大形の変圧器では油の劣化防止装置として**コンサベータ**（conservator）を設置して油と空気の接触面積を少なくし，ブリーザにシリカゲルを満たして空気中の水分を取り除いている。

図 2.34 はコンサベータの構造（隔膜式）[3]である。三室式と隔膜式があるが，最近は隔膜式が多く用いられる。

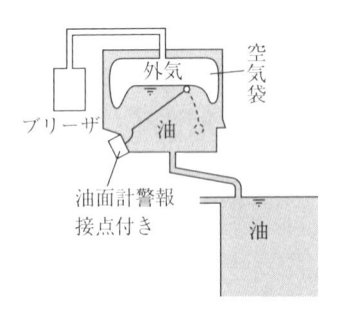

図 2.34　コンサベータの構造（隔膜式）

2.4.4　ブッシング

変圧器巻線の口出し線は，外箱を貫通して外部へ出されるので，電気的に絶縁した端子として**ブッシング**（bushing）が用いられる。

低圧用の変圧器では，簡単な形状の磁器がい管（porcelain bushing）でよいが，電圧が高くなると沿面距離を長くするためにひだを付けている。30 kV 以上の高電圧の場合には，磁器がい管と中心導体の間に油を満たした**図 2.35** の**油入ブッシング**（oil filled bushing）[5]が広く用いられている。さらに，60 kV 以上の高電圧では，中心導体の周囲に絶縁紙と金属箔または半

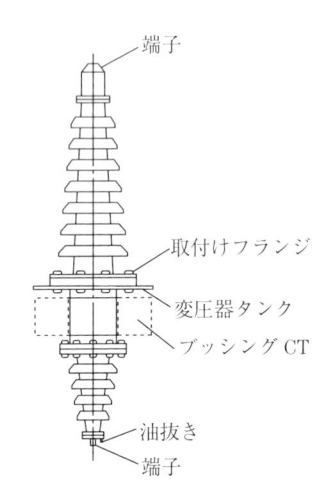

図 2.35　油入ブッシング

導体塗料を塗った紙を円筒形に巻き付けた**コンデンサ形ブッシング**（condenser type bushing）[5]が用いられる。最近では耐震性に優れたブッシングとして，磁気がい管に比べて大幅な小形軽量化，機械的強度の向上，さらに油漏れのない，樹脂ポリマのブッシングが登場している。

2.4.5 変圧器の騒音・振動対策

1970年代に都市部の騒音防止条例が強化され，電力会社や民間の変電所の変圧器に対して低騒音仕様の要求が多くなった。当初は変圧器本体を防音建屋に収納するか，タンクの周辺に鉄板やコンクリートパネルをめぐらせて，騒音を低減する方式が採用された。

その後，しだいに現地作業の簡素化や現地工程の短縮を実現するため，1980年代頃より，変圧器本体のみで60 dB以下の低騒音仕様に対応するように製作するケースが一般化してきた。

大容量変圧器本体での低騒音化は，ステップラップ接合（継鉄と脚鉄の鋼板接合方法）鉄心の採用，制振鋼板の採用，低騒音冷却扇を使用した冷却装置の採用，磁束密度の低減，防音カバーの適用などにより実現された。

2.5 変圧器の結線

2.5.1 変圧器の極性

2個以上の並列接続または多相結線を行うときは，二次電圧の極性を統一することが望ましい。**図2.36**に示すように，変圧器の一次，二次に誘導される起電力が同じ向きの場合を**減極性**（subtractive polarity），違う向きを**加極性**（additive polarity）という。

変圧器の巻線を同心円状に配置する場合に，巻線間の電圧が $E_1 - E_2$ となる

(a) 減極性　　　　　　(b) 加極性

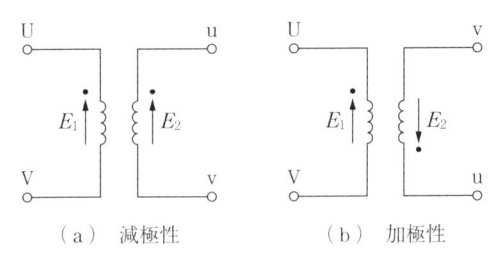

図 2.36　変圧器の極性

ので，減極性が絶縁的に有利であり，わが国では減極性が用いられる。変圧器の端子記号は，一次側から見て，右から左へ，U，V，W（三相）の順である。

2.5.2　変圧器の三相結線

（1）3台の変圧器を用いた基本原理　一般の動力用電源として広く用いられている三相電圧を変圧するには，三相変圧器（例えば図 2.31）を用いるか，または同じ特性の単相変圧器を3台用いる。いずれの場合にも三相巻線の結線方法は通常は **Y 結線**（星形結線，star connection）か，**Δ 結線**（三角結線，delta connection）が用いられる。

一次巻線と二次巻線のそれぞれを**三相結線**（three-phase connection）にするので，Δ-Y，Y-Δ，Y-Y，Δ-Δ の4種類がある。Δ結線が一次か二次のどちらかにあれば，励磁電流の高調波成分による通信線への誘導障害は生じない。

a.　Y 結線（星形結線）

図 2.37 は Y 結線であり，中性点を接地すると，一線地絡故障などで異常電圧が発生したとき，その程度が低くなることや，相電圧が線電圧の $1/\sqrt{3}$ になることから高電圧側に用いられる。

線電圧（端子電圧）を V_L，相電圧（巻線にかかる電圧）を V_P，線電流を I_L，相電流（巻線に流れる電流）を I_P とすると，次の関係がある。

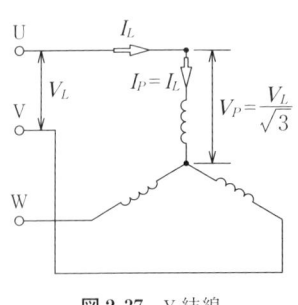

図 2.37　Y 結線

$$\left. \begin{array}{l} V_P = \dfrac{V_L}{\sqrt{3}} \\ I_P = I_L \end{array} \right\} \tag{2.53}$$

一次,二次ともY結線,負荷力率をθとすれば,Y結線の出力は次式で表される。

$$P_Y = 3 V_P I_P \cos\theta = \sqrt{3}\ V_L I_L \cos\theta \tag{2.54}$$

b．Δ結線（三角結線）

図2.38はΔ結線であり,励磁電流に含まれる第3調波が巻線内部で循環し,送電線へ出ていかないので（2.5.3項参照）,通信線への誘導障害を生じない。線電圧と相電圧,線電流と相電流には次の関係がある。

$$\left. \begin{array}{l} V_P = V_L \\ I_P = \dfrac{I_L}{\sqrt{3}} \end{array} \right\} \tag{2.55}$$

図2.38　Δ結線

一次,二次ともにΔ結線,負荷力率をθとすれば,Δ結線の出力は次式で表される。

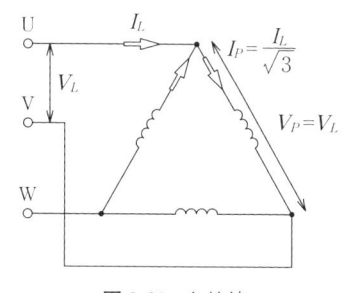

$$P_\Delta = 3 V_P I_P \cos\theta = \sqrt{3}\ V_L I_L \cos\theta \tag{2.56}$$

（2） 三相結線の方法

a．Δ-Y結線

図2.39にΔ-Y結線の接続図とベクトル図を示す。

一次側にV_{UV}, V_{VW}, V_{WU}を加えると同値の相起電力E_U, E_V, E_Wが誘起され,巻数比をaとすると,二次側にその$1/a$の相起電力E_u, E_v, E_wが誘起され,さらにその$\sqrt{3}$倍の線間電圧が得られる。二次線間電圧,例えばV_{uv}は一次線間電圧V_{UV}より位相が$(\pi + \pi/6)$だけ進む。送電端には一次電圧が低く二次電圧が高い,Δ-Y結線が多く用いられる。

38　2. 変　圧　器

（a）接続図

（b）接続略図

（c）ベクトル図

図2.39　Δ-Y 結線

b．Y-Δ 結線

一次側に V_{UV}, V_{VW}, V_{WU} を加えると，その $1/\sqrt{3}$ 倍の相起電力 E_U, E_V, E_W が誘起され，二次側にその $1/a$ 倍の相起電力が誘起され，そのまま線間電圧 V_{uv}, V_{vw}, V_{wu} となる。二次線間電圧，例えば V_{uv} は一次線間電圧 V_{UV} より位相が $(\pi-\pi/6)$ だけ進む。受電端には一次電圧が高く二次電圧が低い，Y-Δ 結線が多く用いられる。

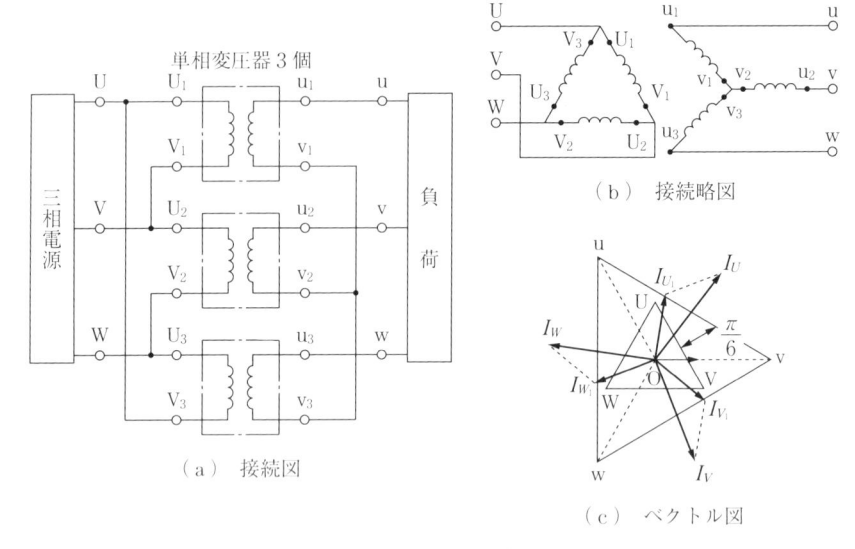

c．Δ-Δ 結線

一次側に V_{UV}, V_{VW}, V_{WU} を加えると，同値の相起電力 E_U, E_V, E_W が誘起され，二次側にその $1/a$ 倍の相起電力 E_u, E_v, E_w が誘起され，そのまま線間電圧 V_{uv}, V_{vw}, V_{wu} となる。配電線は一次が 6 600 V（公称電圧），二次が 400 V/200 V/100 V で電圧が低いこと，変圧器の1台が故障しても V 結線にできることから，配電線によく用いられる。

d．Y-Y 結線

一次側に V_{UV}, V_{VW}, V_{WU} を加えると，その $1/\sqrt{3}$ 倍の相起電力 E_U, E_V,

2.5 変圧器の結線   39

E_W が誘起され，二次側にその $1/a$ 倍の相起電力が誘起され，さらにその $\sqrt{3}$ 倍の線間電圧 V_{uv}, V_{vw}, V_{wu} となる。

Y-Y 結線は中性点を接地すると第 3 調波分により線路に充電電流が流れ，通信線に電磁誘導障害が発生するため，三相 1 kVA 柱上変圧器程度の高圧小容量に限定される。

e. Y-Y-Δ 結線

Y-Y 結線は線間電圧の $1/\sqrt{3}$ 倍が変圧器巻線電圧となるため，高電圧を取扱う変圧器に有利であり，その場合は，中性点を接地するとともに，励磁電流の第 3 調波分を還流させる Δ 巻線を三次巻線として設ける。

(3) 2 台の変圧器による三相結線（V 結線）　　図 2.40 に V 結線（V connection）の接続図を示す。Δ-Δ 結線で 1 台の変圧器が故障した場合や，将来の電力需要増加に備えて最初から V 結線とすることがある。

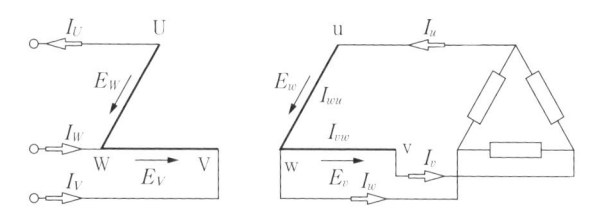

図 2.40　V 結線の接続図

一次側に V_{UV}, V_{VW}, V_{WU} を加えると，同値の相起電力 E_V, E_W が誘起され，二次側にその $1/a$ 倍の相起電力 E_v, E_w が誘起され，同値の線間電圧 V_{uv}, V_{vw}, V_{wu} となる。二次電流は，I_v は E_v から $\pi/6$ 遅れ，I_u は E_w から $\pi/6$ 進みである。二次出力（バンク容量）は，変圧器の電流と線電流が等しいので，力率を 1 とすれば次のようになる。

$$P_V = E_v I_{vw} + E_w I_{wu} = E_v I_v \cos\frac{\pi}{6} + E_w I_u \cos\frac{\pi}{6}$$

$$= 2 V_P I_p \cos\frac{\pi}{6} = \sqrt{3}\ V_P I_P \tag{2.57}$$

これに対して，Δ-Δ 結線の容量 P_V は $3 V_P I_P$ であるから，Δ 結線に対して

$$\frac{V\text{結線出力}}{\Delta\text{結線出力}} = \frac{\sqrt{3}\,V_P I_P}{3 V_P I_P} = \frac{1}{\sqrt{3}} = 0.577 \text{ p.u.} \tag{2.58}$$

になる。すなわち，Δ-Δ結線の1台の変圧器を除いてV結線とすれば，引き続き58%の三相負荷を掛け続けることができる。2台の変圧器の容量は$2V_P I_P$であるから，V結線の変圧器の**利用率** u は次式のようになる。

$$u = \frac{\sqrt{3}\,V_P I_P}{2 V_P I_P} = \frac{\sqrt{3}}{2} = 0.866 \text{ p.u.} \tag{2.59}$$

U相とV相には漏れインピーダンスによる電圧降下があり，W相には電圧降下がないから，二次側が平衡した負荷でも二次側の電圧は，わずかに不平衡になる。

2.5.3　Δ結線と励磁電流中の第3調波

通常，変圧器は**図2.41**に示すように，ひずみ波形の**励磁電流** i_0 が流れて，正弦波の起電力が誘起される。

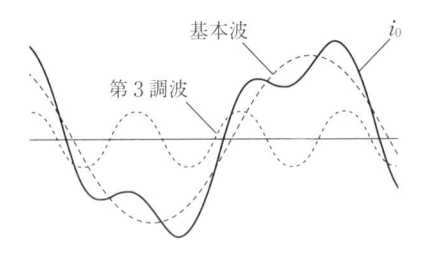

図2.41　励磁電流の高調波成分

励磁電流に第3調波が含まれるため，Δ結線における各相の励磁電流は

$$\left.\begin{aligned}
i_{01} &= I_{m1} \sin \omega t + I_{m3} \sin 3\omega t \\
i_{02} &= I_{m1} \sin\left(\omega t - \frac{2}{3}\pi\right) + I_{m3} \sin 3\left(\omega t - \frac{2}{3}\pi\right) \\
i_{03} &= I_{m1} \sin\left(\omega t - \frac{4}{3}\pi\right) + I_{m3} \sin 3\left(\omega t - \frac{4}{3}\pi\right)
\end{aligned}\right\} \tag{2.60}$$

となり，いずれの式の第2項も，$\sin 3\omega t$ に等しい。すなわち，第3調波電流

成分はすべて同値，同位相になり，Δ結線内を循環して相殺し線路を流れない。

また，Δ結線で線間電圧は相起電力の差であり，その中の第3調波成分は相殺され，線間電圧は正弦波になる。

2.5.4 変圧器の並行運転

負荷の増加により変圧器容量が不足する場合や，負荷の変動に応じて運転台数を変えて高効率化を図る場合，および相互予備と考えて，図2.42のように，複数の変圧器を並列に接続して使用することがあり，これを変圧器の**並行運転**（parallel operation）という。

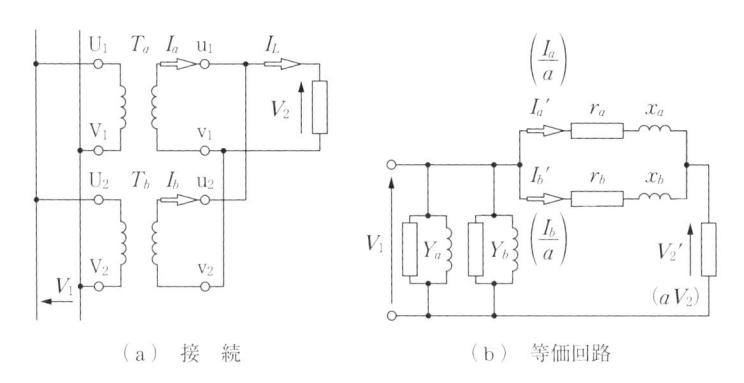

（a）接続　　　　　　　　　　（b）等価回路

図2.42　変圧器の並行運転

各変圧器容量に応じた電流が流れるように負荷を分担することや，並列接続した変圧器に循環電流が流れないようにするために，以下の条件を満足することが必要である。

① 定格一次電圧，定格二次電圧が等しく，巻数比が等しいこと
② 百分率抵抗降下，百分率リアクタンス降下が等しいこと
③ 極性を合わせること

さらに，三相変圧器では，電圧の位相変位（角変位）が等しいこと，相回転方向を一致させることが必要である。

2.6 各種変圧器

2.6.1 三相二相変換変圧器

（1） **T結線変圧器**　図2.43にT結線変圧器の結線図を示す。T結線は開発者（Charles. F. Scott）にちなんで**スコット結線変圧器**（Scott connected transformer）と称し，交流電気鉄道において，特別高圧受電系統で三相を2組の$\pi/2$ rad（90°）位相の単相に変換するのに用いられている[5),6)]。

T座はM座に対して$\pi/2$遅れ，一次側の大きさが$\sqrt{3}/2$である。二次側に主座電圧E_m（V_m）と等しいE_t（V_t）を生じる。

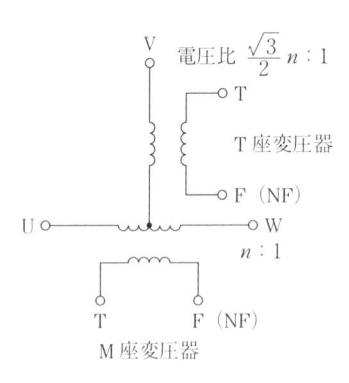

図2.43 T結線（スコット結線）変圧器の結線図

二次側の電流I_MとI_Tの値が等しいときに三相電流の大きさは$2I_T/\sqrt{3}$で，位相角が$2\pi/3$（120°）ずつ異なり，三相電流は平衡する。

（2） **ルーフ・デルタ結線変圧器**　ルーフ・デルタ結線変圧器（roof delta connected transformer）は，交流電気鉄道の変電所で，187 kV以上の超高圧受電系統において，三相二相変換を行う変圧器である。2010年から超高圧受電の新幹線変電所で用いられている[5),6)]。

図2.44はルーフ・デルタ結線変圧器の結線と電流分布である。一次側は中性点を直接接地するためY結線になっており，二次側は，横巻線（A座）を∧（屋根・ルーフ）結線，縦巻線（B座）を∆（デルタ）結線にして，組み合わせている。

A座電流をI_A，B座電流をI_Bとする。A座を基準とするとB座の電圧位相は$\pi/2$遅れている。A座とB座に同一負荷がある場合は，三相側の各相の電

2.6 各種変圧器   43

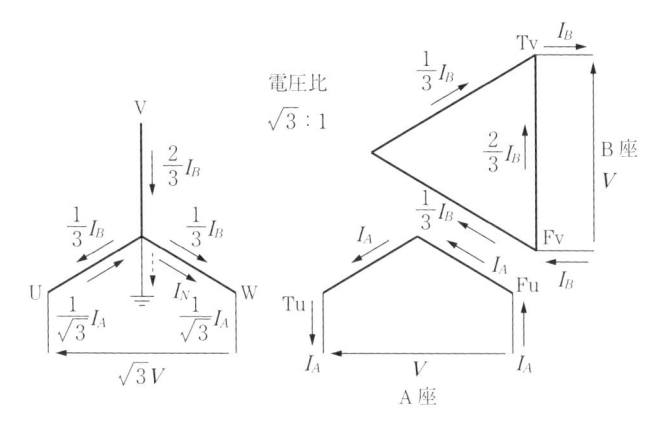

図2.44 ルーフ・デルタ結線変圧器の結線と電流分布

流の大きさが等しく，位相角が$2\pi/3$（120°）ずつずれて三相電流は平衡する。

ルーフ・デルタ結線変圧器は，これまで交流電気鉄道の超高圧受電系統で用いられていた変形ウッドブリッジ結線変圧器に比べると巻線容量が93％，質量が85％，発生損失が75％と小さくなっており，優れた特性を持っているといえる。

2.6.2 単巻変圧器

単巻変圧器（auto-transformer：AT）は1個の巻線で一次と二次の作用を兼用させて，必要な電圧を得るようにした変圧器である。

図2.45は単巻変圧器の例で，a-bの部分を直列巻線，b-cの部分を分路（共

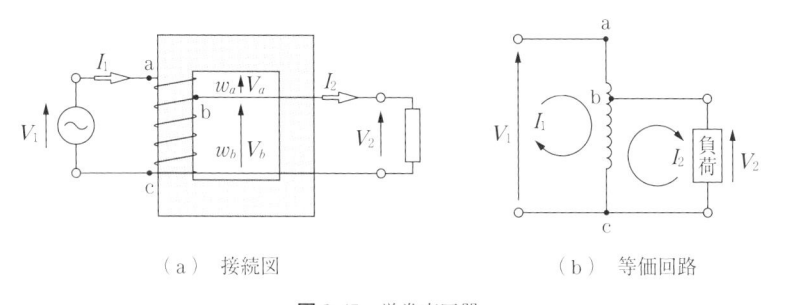

（a）接続図　　　　　　　　（b）等価回路

図2.45 単巻変圧器

通）巻線という．直列巻線の巻数 w_a，分路巻線の巻数を w_b として，一次側に電圧 V_1 を加えると，二次側端子に電圧 V_2 が発生する．一般の変圧器と同様に巻数比を a とする．

$$\frac{V_1}{V_2} = \frac{w_a + w_b}{w_b} = a \tag{2.61}$$

励磁電流は小さいので無視すると，一次電流と二次電流の関係は

$$\frac{I_1}{I_2} = \frac{w_b}{w_a + w_b} = \frac{1}{a} \tag{2.62}$$

となり，巻数比に逆比例する．

直列巻線に流れる電流は一次電流に等しく I_1 であり，分路巻線に流れる電流は

$$I = I_2 - I_1 = (a-1)I_1 \tag{2.63}$$

になる．変圧器自身の容量は

$$(V_1 - V_2)I_1 = V_2(I_2 - I_1) \tag{2.64}$$

になり，直列巻線または分路巻線の自己容量（equivalent capacity）という．単巻変圧器から負荷に供給される容量は

$$V_1 I_1 = V_2 I_2 \tag{2.65}$$

であり，負荷容量（線路容量，rated capacity）という．自己容量と負荷容量の比は

$$\frac{自己容量}{負荷容量} = \frac{(V_1 - V_2)I_1}{V_1 I_1} = 1 - \frac{1}{a} \tag{2.66}$$

で表され，巻数比が1に近いものでは一般の変圧器に比べて小容量で小形にできる．単巻変圧器は，一次側と二次側が絶縁できないのが欠点である．

2.6.3 計器用変成器

交流の高電圧，大電流の測定を安全かつ容易にするために用いる変圧器を**計器用変成器**（instrument transformer）といい，計器用変圧器と変流器がある．これらの二次側に接続される負荷は，**負担**（burden）と呼ばれる．計器用変成器はいずれも，一次側の高電圧回路と絶縁するために，二次側の片端は接地

して用いる.

（1） **計器用変圧器**　**計器用変圧器**（voltage transformer：**VT**（英語），potential transformer：PT（米語））は，図 2.46 に示すように，変圧器の一次側を高圧側に接続し，二次側には 110 V（100 V）の電圧計や保護継電器を接続する．計器用変圧器は電圧に対する**比誤差**（ratio error）が小さくなるように，励磁インピーダンスが大きく，一次漏れインピーダンス（巻線インピーダンス）が小さくなるように製作される．図 2.47 は特別高圧用計器用変圧器の外観例である．154 kV などの高電圧のものでは，コンデンサ形計器用変圧器（capacitor voltage transformer：CVT（英語），potential divider：PD（米語））が用いられる．

図 2.46　計器用変圧器

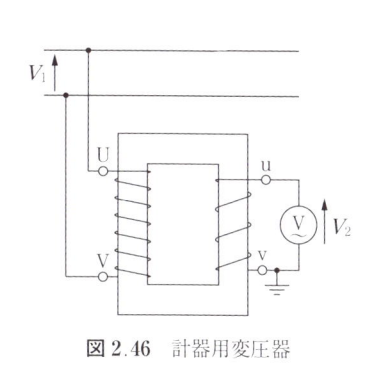

図 2.47　計器用変圧器の外観（66 kV／110 V）

（2） **変　流　器**　変流器（current transformer：**CT**）は，図 2.48 に示すように，一次側を測定回路に直列に接続し，二次側に電流計や保護継電器を

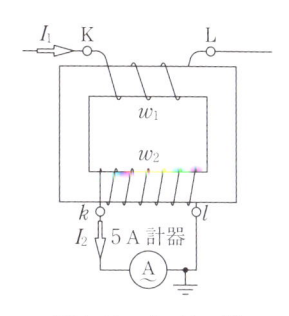

図 2.48　変　流　器

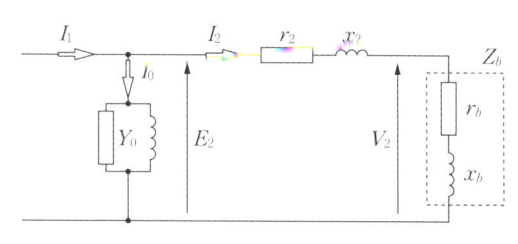

図 2.49　変流器の等価回路

接続する．一次電流が定格電流のときに，二次電流が5Aの定格が一般的であるが，1Aのものもある．

図2.49は変流器の等価回路であり，一次電流 I_1 は磁束を作るための励磁電流 I_0 に使われるほか，大半は二次電流 I_2 になる．変流器では巻線インピーダンス，励磁電流および二次負担（$Z_b = V_2 \times I_2$）が無視できないため，誤差が発生する．誤差には，電流の大きさに対する**比誤差**（ratio error）と，一次電流と二次電流の位相角（phase angle）θ などがある．このため，鉄損の少ない鉄心を用いて励磁電流が小さくなるようにする必要がある．特に変流器は図2.49からわかるように，二次側を開放すると一次電流は励磁電流になるので，大きな起電力が発生して危険であり，絶対に二次側を開放してはならない．

図2.50は高圧用変流器の外観例である．

図2.50　変流器の外観
（6.6 kV・200 A，100 A/5 A・定格二次負担 40 VA）

演 習 問 題

【2.1】単相変圧器の二次側 110 V 端子に 0.4 Ω の抵抗を接続して，一次側端子に 720 V を加えたとき，一次電流は 2 A になった．この場合，一次側端子は何ボルトのタップか． （電験3種）

【2.2】15 000 kVA，63 500 / 13 800 V 変圧器の無負荷試験および短絡試験を行った．高電圧側（一次側）を開路して，低電圧側（二次側）に計器を入れて測定した読みが，二次印加電圧 13 800 V，二次電流 38.0 A，二次入力 56.0 kW であった．また高電圧側を短絡したときの低電圧側の計器の読みは，二次電流 1 087 A，二次電圧 952 V，二次入力 62.5 kW となった．

　この変圧器の簡易等価回路の図を書き，一次に換算した回路定数の値を記入せよ．また百分率抵抗降下，百分率リアクタンス降下，百分率インピーダ

ンス降下を求めよ．

【2.3】 定格周波数 50 Hz で定格負荷，遅れ力率 0.8 のときの電圧変動率が 10 % の変圧器がある．これを 60 Hz の電源に接続し，電圧と電流を定格値に保ち，遅れ力率 0.8 の負荷に使用する際の電圧変動率を求めよ．ただし，定格状態におけるリアクタンス降下 q' は抵抗降下 p' の 10 倍とする． (電験 2 種)

【2.4】 力率 1 で 8 kVA と 2 kVA の負荷が，ともに同一の効率 96 % になる変圧器がある．
　　（1） 出力 8 kVA，力率 1 における鉄損と銅損はいくらか．
　　（2） 最大効率は何 kVA の負荷のときに得られるか．
　　（3） 最大効率はいくらか． (電験 2 種)

【2.5】 問図 2.1 のように，15 kVA，3 000 V/200 V 単相変圧器を Δ-Δ に接続し，入力 30 kW，力率遅れ 0.8 の電動機負荷を負っている．二次一相 AC の中点に一線を接続し AN，CN 間に同数の電球をつける．使用電球は 30 W とし，変圧器を過負荷にしないで何個の電球がつけられるか． (電験 3 種)

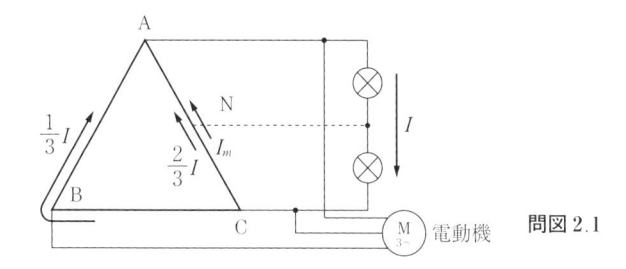

問図 2.1

【2.6】 巻数比 10 : 1 の相等しい変圧器がある．一次 Y・二次 Δ に接続し，三相変圧を行う．二次に端子電圧 200 V の平衡負荷 75 kVA をかけたとき，各器の一次，二次電流と一次線間電圧はいくらか．ただし，変圧器の励磁電流とインピーダンスは無視する． (電験 3 種)

3. 誘導機

誘導機には誘導電動機と誘導発電機がある。**誘導電動機**（induction motor：IM）は定速度特性の交流電動機で安価で取扱いが容易で堅牢なため，最も広く用いられている。力率は小形の電動機は 60 ～ 80 ％程度で高くないが，大形のものでは 90 ％以上の電動機もある。誘導発電機は外部動力により回転速度を同期速度より速くしたもので，風力発電ほかインバータ制御電車の停止時の回生ブレーキなど，発電機としても多く使用されている。

3.1 三相誘導電動機の原理

3.1.1 回転の原理

図 3.1 において磁極 N‐S を反時計回りに回転させたとすると，巻線（コイル）に電流が流れる。巻線が磁束を切る向きは時計回り，電流の向きは**フレミングの右手の法則**による。この電流と磁束により巻線に力が働き，**フレミングの左手の法則**により，巻線は反時計回りに回転する。すなわち，磁極の回転方向と同じ向きに巻線も回転する。

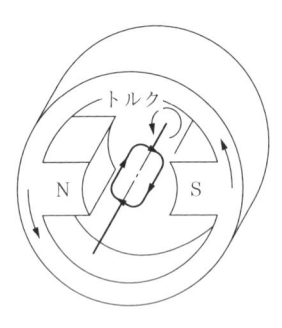

図 3.1　誘導電動機の原理

3.1.2 多相交流による回転磁界

磁極を回転させる，すなわち**回転磁界**（revolving magnetic field，rotating field）を得るためには，例えば図 3.2 のような巻線に図 3.3 のような三相交流を流す。この巻線は N‐S の磁極が 1 対あり，2 極である。

（1）　θ が時刻 t_1 の場合　　時刻 t_1 で考えると各相の電流の値は，$I_U = I$,

3.1 三相誘導電動機の原理

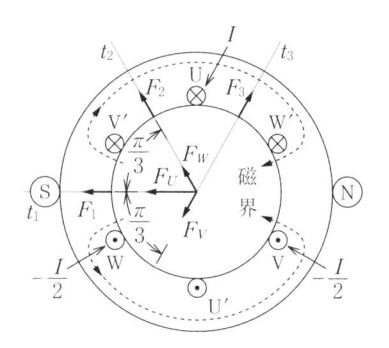

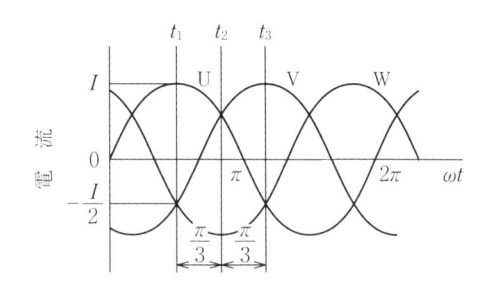

図3.2 三相巻線の起磁力（2極）

図3.3 三相交流

$I_V = I_W = -I/2$ で，これがコイル UU′，VV′，WW′ に流れると起磁力 F_U, F_V, F_W を生じ，その値は $F_V = F_W = F_U/2$ となる．合成起磁力 F_1 の方向は UU′ 面に直角で $F_1 = (3/2)F_U$ となる．

（2）**θ が時刻 t_1 から $\pi/3$ 進み時刻 t_2 の場合**　各相の電流は $I_W = -I$, $I_U = I_V = I/2$ となり，合成起磁力 F_2 は F_1 と同じ大きさで，向きはコイル WW′ 面に直角となり，F_1 に対して時計回りに $\pi/3$ rad（60°）回転する．

（3）**θ が時刻 t_3 の場合**　t_3 ではさらに時計回りに $\pi/3$ rad 回転する．したがって，θ が 1 サイクル進めば大きさ $(3/2)F_U$ の起磁力が電気角 2π rad 進む．すなわち 2 極機の場合，1 Hz で 1 回転する．

一般に極数を P で表し，極対数を p で表すと $P = 2p$ である．1 回転には p 対極が含まれるので 1 回転の電気角は $2\pi p$（rad）となるから，1 Hz で $1/p$ 回転する．したがって，磁界の回転速度（revolutional speed）を n_0（s^{-1}(r/s)），または N_0（min^{-1}(r/min)），電源周波数を f（Hz）とすれば次式のようになる．

$$\left. \begin{array}{l} n_0 = \dfrac{f}{p} \ （\mathrm{s}^{-1}），\ N_0 = 60n_0 = \dfrac{60f}{p} = \dfrac{120f}{P} \ （\mathrm{min}^{-1}） \\[6pt] f = pn_0 = \dfrac{pN_0}{60} \ （\mathrm{Hz}） \end{array} \right\} \tag{3.1}$$

回転子は，**同期速度**（synchronous speed）N_0 の回転磁界中ですべりながら，少し遅い速度 N で追従する．回転磁界と回転子の相対速度（$N_0 - N$）を N_0 で除したものを**すべり**（slip）s という．

50 3. 誘導機

$$s = \frac{N_0 - N}{N_0} \times 100 \quad (\%) \tag{3.2}$$

通常，回転子のすべりは数パーセントである。以上より，誘導電動機の**回転速度**（rotational speed）は次式で表され，例えば，4極（2対極），すべり5％とすると，50 Hzで1 425 min^{-1}，60 Hzで1 710 min^{-1}である。

$$N = \frac{120f}{P} \times (1-s) \quad (\text{min}^{-1}) \tag{3.3}$$

3.2　三相誘導電動機の構造

3.2.1　外　　　観

かご形誘導電動機（squirrel-cage induction motor）の構造を**図3.4**に示す。誘導電動機の主要部分は**固定子**（stator）と**回転子**（rotor）である。

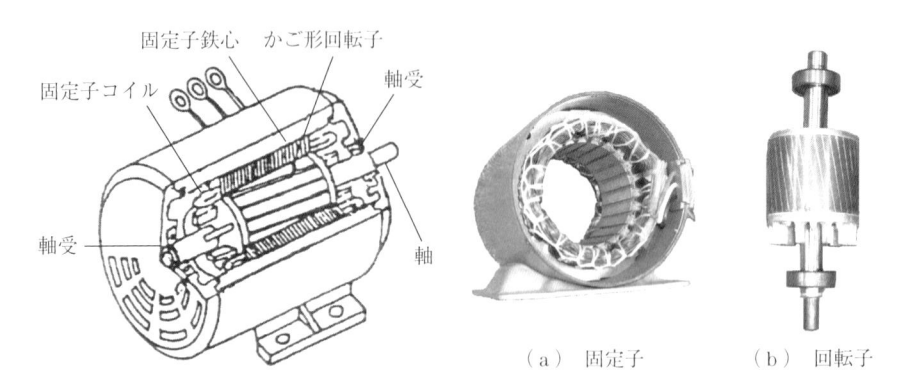

図3.4　かご形誘導電動機の構造
　　　　　（鳥かん図）

図3.5　かご形誘導電動機の内部構造
　　　　（三相200 V・4極・24スロット）

（a）固定子　　（b）回転子

回転磁界を作る固定子は，巻線（stator coil）を**図3.5**（a）のように固定子鉄心（stator core）の円周方向に多数設けた固定子溝（stator slot）に収めている。図（b）の回転子も，巻線を円筒状の回転子鉄心（rotor core）の円周方向に多数設けた回転子溝（rotor slot）に収めている。

固定子と回転子の鉄心は鉄損を減らすため，厚さ0.35 mmまたは0.5 mm

のけい素鋼板または磁性鋼板（表 1.2 参照）を表面絶縁処理して積層し，鉄心に渦電流が流れにくいようにしている．冷却のため通風ダクトを設けている．

誘導電動機の固定子と回転子のギャップは，容量にもよるが 0.3～2.5 mm 程度であり，ギャップが大きいと励磁電流が大きくなり力率も低くなる．力率は 7.5 kW 以下で 60～80 % 程度，15～37 kW は 80 % 以上，100 kW 以上では 90 % 級も多い．

3.2.2 固定子巻線

固定子溝の形状を図 3.6 に示す．一般に 200 V 級には丸線のため半閉溝を，高圧用には容量が大きく平角線のため開溝で型巻コイルを用い，Y 接続または Δ 接続とする．半閉溝はスロットによる磁束の脈動を緩和し，励磁電流や相手方鉄心表面の渦流損を軽減する．

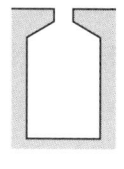

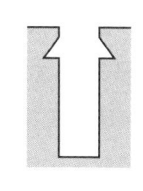

（a）半閉溝　　（b）開溝

図 3.6　固定子溝の形状

3.2.3 かご形回転子

かご形回転子（squirrel cage rotor）の巻線は，回転子鉄心の溝に棒を差し込み，両端に銅の円環（**端絡環**，end ring）をろう付けする．図 3.7 は回転子の鉄心を除いて表した導体と端絡環であり，リスかご（squirrel cage）の形をしている．小形の大量生産品は，アルミニウムを溶かして鋳込むアルミダイカス

導体　端絡環

（a）普通かご形　（b）深溝形　（c）二重かご形

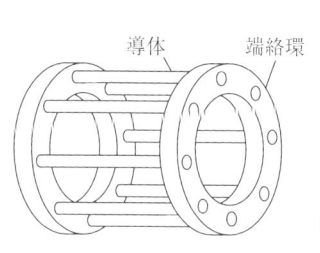

図 3.7　かご形導体と端絡環　　　図 3.8　かご形回転子の溝

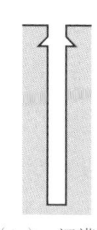

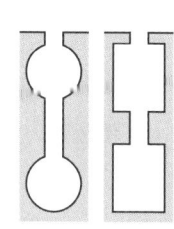

ト法により製作する。

図 3.8 はかご形回転子の溝である。普通かご形は溝の深さがあまり深くない構造で半閉形または全閉形を用いている。これに対し，始動特性の改善を目的として溝を深くした深溝形（deep-slot squirrel type）や，スロットが二段になった二重かご形（double-squirrel type）がある。始動時には表皮作用により電流をスロット上部に集中させ，運転時には導体に平均して流すようにして，普通かご形に比べて始動電流を小さく，始動トルクを大きくしている。

3.2.4 巻線形回転子

図 3.9 は**巻線形誘導電動機**（wounded rotor induction motor）の回転子，**図 3.10** は巻線形誘導電動機の結線である。回転子の巻線も固定子巻線と同様に絶縁被覆した銅線が，円筒状の回転子鉄心の円周方向に多数設けた回転子溝に収められている。

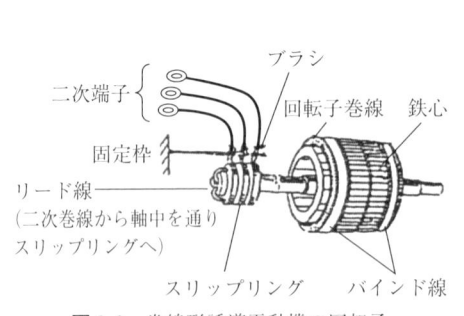

図 3.9 巻線形誘導電動機の回転子 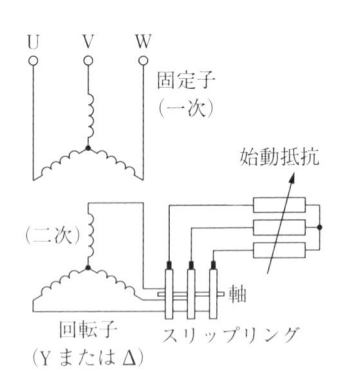　　図 3.10 巻線形誘導電動機の結線

回転子の巻線は Y または Δ 接続とし，口出し線は**スリップリング**（slip ling，**滑動環**，すべり環）に接続されている。三相であれば 3 個のスリップリングがある。これに**ブラシ**（brush）を接触させ，ブラシに付いている導線を外部に引き出す。これに外部抵抗を接続して抵抗値を変化させると始動トルクが増加し，運転速度を制御することができる。

3.3 巻線係数と誘起電圧

3.3.1 巻線係数

固定子巻線の巻線法として**図 3.11** に示すように，1 相分のコイル辺のすべてを一つのスロットに収める集中巻や，複数のコイルに分けて収める分布巻がある。

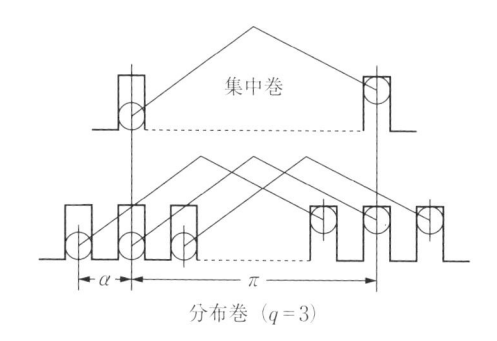

図 3.11 集中巻と分布巻

毎極毎相（1 極 1 相）当り（per pole per phase）のスロット数 $q=1$ の巻線を**集中巻**（concentrated winding）といい，これを $q=2$ 以上の小さいスロットに分けて巻く巻線を**分布巻**（distributed winding）という。

集中巻では磁束分布に空間高調波が多く含まれているために，速度起電力にも高調波が多く含まれるので，実際には毎極毎相当りのスロット数を 2 以上にして，起磁力分布を改善した分布巻が用いられる。これらは，コイルの幅が 1 磁極ピッチに等しい**全節巻**（full-pitch winding）であるが，さらに，起磁力の波形を改善するため，巻線ピッチを磁極ピッチより短くした**短節巻**（short-pitch winding）がある。各巻線法による起磁力分布を**図 3.12** に示す[1]。

（1） 分布巻係数 　図 3.13 は $q=3$ の分布巻の起磁力の例である。相数を m とすると，1 極当りのスロット数は mq であり，1 極当りの電気角は π （rad）であるから，各コイルの位置は順次電気的に $\alpha=\pi/mq$ （rad）の位相差がある。

一般に，F_t と qF の比を**分布巻係数**（distributed factor）といい，次式で表される。

54   3. 誘 導 機

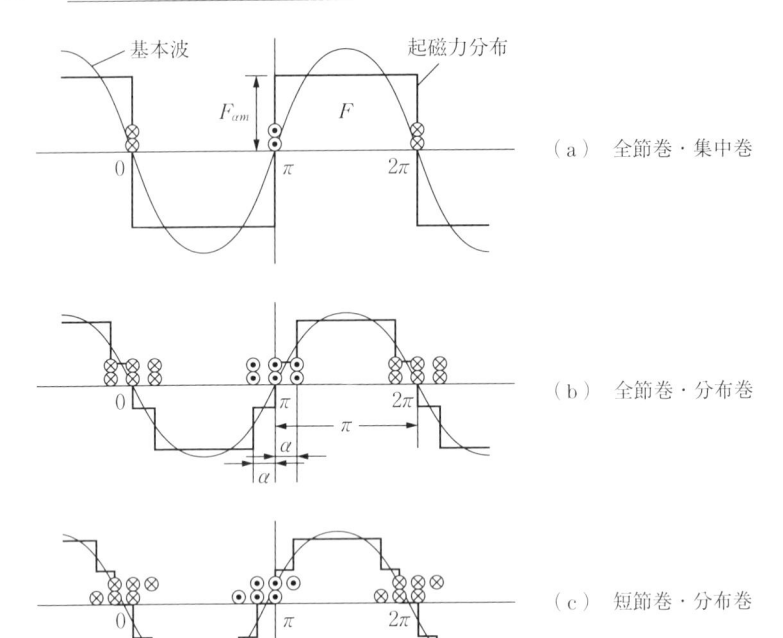

(a) 全節巻・集中巻

(b) 全節巻・分布巻

(c) 短節巻・分布巻

図 3.12　巻線法と起磁力分布

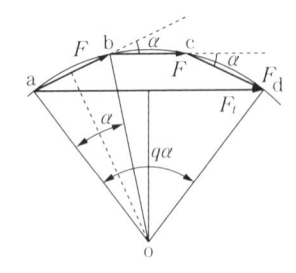

図 3.13　分布巻係数 ($q=3$)

$$k_d = \frac{F_t}{qF} = \frac{2(\overline{oa}\sin q\alpha/2)}{q \times 2(\overline{oa}\sin \alpha/2)} = \frac{\sin(q\alpha/2)}{q\sin(\alpha/2)} = \frac{\sin(\pi/2m)}{q\sin(\pi/2mq)} \tag{3.4}$$

例えば，$m=3$，$q=3$ の場合は，$\alpha=\pi/(3\times 3)$ (rad) となり，図 3.13 から

$$\overline{ad} = \overline{ab}\left(1 + 2\cos\frac{\pi}{9}\right) = 2.879\overline{ab} \tag{3.5}$$

であり，分布巻係数は $k_d=0.960$ となる．合成起磁力 F_t は集中巻に比較して

0.96 倍に減る。

　三相の場合は毎極毎相当りスロット数 q に対する分布巻係数 k_d は**表 3.1** のようになる。

表 3.1　三相誘導機の毎極毎相当りスロット数に対する巻線係数

毎極毎相当りスロット数 q	1	2	3	4	5	6	…∞
分布巻係数 k_d	1	0.966	0.960	0.958	0.957	0.956	…0.955

（2）短節巻係数　図 3.14 に $q=1$, 2 極, 短節巻 1 組分を示す。短節率を β とすると $\beta=1$ の巻線を全節巻といい，コイル AB, A′B′ による起磁力の合成は $2F$ になる。これに対し $\beta<1$ の巻線を短節巻といい，2 個の短節巻コイルの全起磁力を F_t とすると，次の k_p を**短節巻係数**（short-pitch factor）という。

$$k_p = \frac{F_t}{2F} = \sin\frac{\beta\pi}{2} \tag{3.6}$$

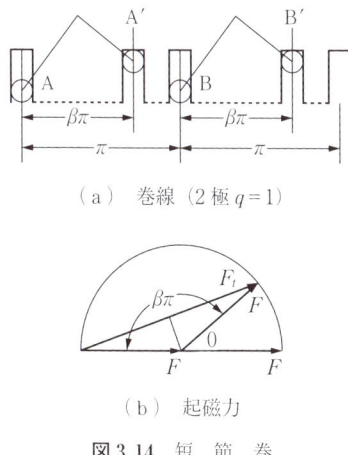

図 3.14　短節巻

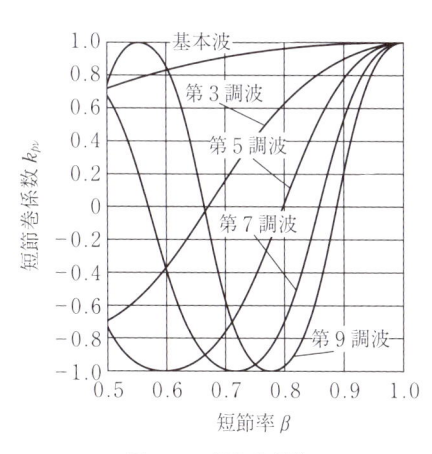

図 3.15　短節巻係数

第 ν 空間調波に対する短節巻係数 $k_{p\nu}$ は，β を $\nu\beta$ とおいて次式で表される。

$$k_{p\nu} = \sin\frac{\nu\beta\pi}{2} \tag{3.7}$$

図 3.15 は β と $k_{p\nu}$ の関係であり，$\beta=0.83$ 付近は，第 5，第 7 調波が減るので交流機によく用いられる。

3. 誘導機

（3） 巻線係数　分布巻係数と短節巻係数の積を**巻線係数**（winding factor）k_wという。

$$k_w = k_d k_p \tag{3.8}$$

1相の巻線数をwとすると，$k_w w$のことを**実効巻数**または**有効巻数**（effective number of turns）という。以上を総合すると，回転磁界の起磁力は矩形波でB_mとすると，基本波成分（最大値）は$(4/\pi)B_m$で，三相機では$F=(3/2)F_U$となるため，基本波の合成起磁力B_1は次式で表される。

$$B_1 = \frac{4}{\pi} B_m \frac{3}{2} k_w \tag{3.9}$$

3.3.2 誘導起電力

（1） 一次誘導起電力　図3.16に示すように，正弦波はギャップ磁界が導体に対しv（m/s）の速度で動くとき，1本の導体が磁束密度B（T）の場所にある瞬間の誘導起電力eは，l（m）を導体長さとして次式になる。

$$e = Blv \quad (\text{V}) \tag{3.10}$$

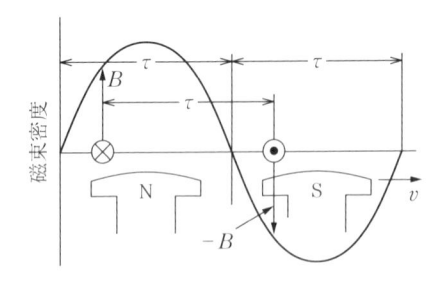

図3.16　導体の誘導起電力

極間隔（pole pitch）をτ（m），周波数をf_1（Hz）とすると，$v=2\tau f_1$であるから，導体1本の誘導起電力の平均値e_aは，磁束密度の平均値をB_a，1極の磁束を$\Phi = B_a l \tau$とすれば次式となる。

$$e_a = Blv = 2fB_a l\tau = 2f_1 \Phi \quad (\text{V}) \tag{3.11}$$

誘導起電力の正弦波実効値は，その平均値に波形率$\pi/(2\sqrt{2})$を乗じれば求められる。

3.3 巻線係数と誘起電圧

$$E_1 = \frac{\pi}{2\sqrt{2}} e_a = 2.22 f_1 \Phi \quad \text{(V)} \tag{3.12}$$

分布巻の場合は，各スロット内の導体の誘導起電力の位相はスロットピッチ α ずつずれるから，合成電圧は分布巻係数倍になる。短節巻の場合はコイル各辺の起電力の位相差は $\beta\pi$（rad）になるから，コイルの誘導起電力は短節巻係数倍になる。ゆえに，短節巻・分布巻１相の誘導起電力の実効値は，巻線係数を k_{w1}，１相のコイル（往復導体）の巻回数を w_1 とすれば次式になる。

$$E_1 = 4.44 k_{w1} f_1 w_1 \Phi \quad \text{(V)} \tag{3.13}$$

（２）　二次誘導起電力　　一次巻線に励磁電流が流れ，回転磁界を生じれば，二次巻線に起電力が誘導される。二次１相のコイルの巻数を w_2（かご形回転子では $w_2 = p/2$），巻線係数を k_{w2}（かご形回転子では $k_{w2} = 1$）とすれば，電動機静止時（始動時・拘束時）の二次１相の**誘導起電力** E_2 は次式で表される。

$$E_2 = 4.44 k_{w2} f_1 w_2 \Phi \quad \text{(V)} \tag{3.14}$$

一次・二次の誘導起電力の比は次式で表され，a を**実効巻数比**という。

$$\frac{E_1}{E_2} = \frac{k_{w1} w_1}{k_{w2} w_2} = a \tag{3.15}$$

これは，実効巻数を巻数に変えると，変圧器の場合と同様になる。

回転子が，あるすべり s（p.u.）で回転するときは，回転子に対する回転磁界の相対速度は sN_0 となる。E_{2s} をこのときの二次１相の起電力，f_{2s} をその周波数とすれば，静止時（$s=1$）の値の s 倍に減る。すなわち

$$\left.\begin{array}{l} E_{2s} = sE_2 = 4.44 k_{w2} s f_1 w_2 \Phi \quad \text{(V)} \\ f_{2s} = sf_1 \quad \text{(Hz)} \end{array}\right\} \tag{3.16}$$

となる。二次周波数 f_{2S} は**すべり周波数**（slip frequency）という。

一般に一次・二次の相数 m_1，m_2 は，巻線形回転子の場合は $m_1 = m_2$ で，かご形回転子の場合は，$m_1 < m_2$ である。かご形ではそれぞれの導体に異なった位相の電流が流れるが，同磁極に対しては導体の電流は同相であるから，p を極対数，S_2 を回転子溝数とすれば次式で表される。

$$m_2 = \frac{S_2}{p} \tag{3.17}$$

また,二次1相の導体数は S_2/m_2 であるから,二次1相の巻数は次式となる。

$$w_2 = \frac{S_2}{m_2} \times \frac{1}{2} = \frac{p}{2} \tag{3.18}$$

3.4 等 価 回 路

3.4.1 三相誘導電動機の回路

(1) 一次回路と二次回路　三相誘導電動機は固定子を一次回路,回転子を二次回路として,1相について**図 3.17** のように表せる。

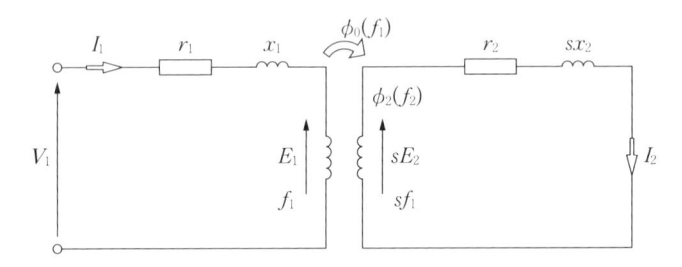

図 3.17　三相誘導電動機1相の電気回路

三相誘導電動機に電圧 V_1 を印加すると,電機子巻線に逆起電力 E_1 が誘起され,この逆起電力と一次回路のインピーダンス降下 (I_1Z_1) のベクトル和が印加電圧と平衡する。

一次回路のインピーダンスは次式で表される。

$$Z_1 = r_1 + jx_1 \quad (\Omega) \tag{3.19}$$

回転磁界は磁束 ϕ_0 (f_1) を発生して**同期速度** N_0 で回転し,回転子はすべり s で追従して回転する。一次側の磁束の周波数が f_1 (Hz) に対して,二次側の周波数は $f_2 = sf_1$ (Hz) になる。これを**すべり周波数**という。

回転子の電気回路は二次起電力 sE_2 を二次回路のインピーダンス Z_2 で短絡した回路になる。二次側のリアクタンスは停止時 (f_1 時) の値を x_2 とすると,

回転時は二次側の周波数に比例する。

$$Z_2 = r_2 + jsx_2 \quad (\Omega) \tag{3.20}$$

二次側は，一次側と電圧および周波数が異なることが変圧器との相違である。

（2） 磁気回路 固定子と回転子の空隙を通して磁気回路が構成され，誘導現象を発生している。ここでは，等価的に**図 3.18**（a）の電気回路を考える。電源から磁束を発生させるため，磁化電流 I_ϕ が流れる。また，磁気回路では**鉄損**（iron loss）が生じるから，鉄損分を補う鉄損電流 I_i が流れる。両者には図（b）に示すように $\pi/2$ rad（90°）の位相差があり，そのベクトル和が**励磁電流**（exciting current） I_0 になる。

$$I_0 = I_i - jI_\phi \quad (A) \tag{3.21}$$

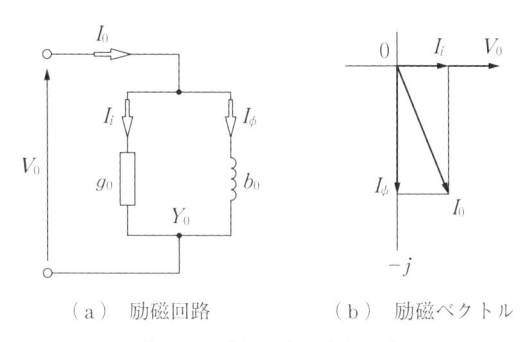

（a） 励磁回路　　（b） 励磁ベクトル

図 3.18 磁気回路の等価回路

また，抵抗分とリアクタンス分を並列接続して，コンダクタンス g_0 とサセプタンス b_0 として表し，これを励磁アドミタンス Y_0 という。

二次磁極の回転数は，機械的回転数 N と二次電流（渦電流）により発生する磁極の回転数（すべり回転数）sN_0 の和に等しいから，一次鉄心の回転磁界と等しくなる。一次，二次の磁極は対向しており，静止している変圧器と同様になる。

（3） 等価回路の作成 図 3.17 において，二次電流は次式になる。

$$I_2 = \frac{sE_2}{r_2 + jsx_2} = \frac{E_2}{r_2/s + jx_2} \quad (A) \tag{3.22}$$

式 (3.22) は，電源電圧を E_2 とすると，一次周波数 f_1 と等価な回路への変換を意味し，r_2/s が見掛け上の抵抗となる。

次に，変圧器と同様に二次電圧を一次側と同一値に等価変換する。すなわち，二次電圧を巻数比 a 倍して E_1 と同値にし，二次電流は $1/a$ 倍し，インピーダンスは a^2 倍する。

$$I_2' = \frac{I_2}{a} = \frac{E_2'}{r_2'/s + jx_2'} = I_1' \quad \text{(A)} \tag{3.23}$$

ここで，$E_2' = aE_2 = E_1$, $r_2' = a^2 r_2$, $x_2' = a^2 x_2$ である。

したがって，**等価回路**（equivalent circuit）は**図 3.19** のようになり，これを T 形等価回路という。

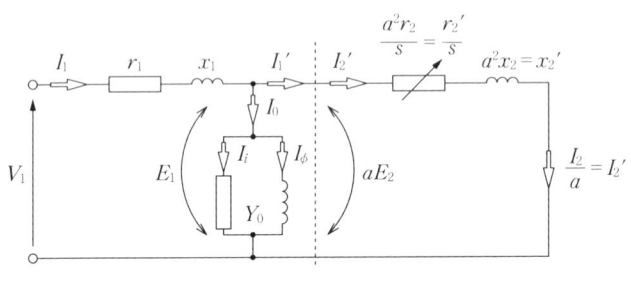

図 3.19 誘導電動機の T 形等価回路

図 3.19 より，以下の式が得られる。

$$\left.\begin{aligned}
E_1 &= I_1'\left(\frac{r_2'}{s} + jx_2'\right) && \text{(V)} \\
I_0 &= E_1 Y_0 = E_1(g_0 - jb_0) && \text{(A)} \\
I_1 &= I_1' + I_0 && \text{(A)} \\
V_1 &= E_1 + I_1(r_1 + jx_1) && \text{(V)}
\end{aligned}\right\} \tag{3.24}$$

これより，**図 3.20** のベクトル図が求められる。

これより，機械的出力を P_o（後述の式 (3.43) 参照）とすると，二次入力 P_2, 入力 P_{in}, 力率角 θ_1, 効率 η は次式となる。

3.4 等価回路

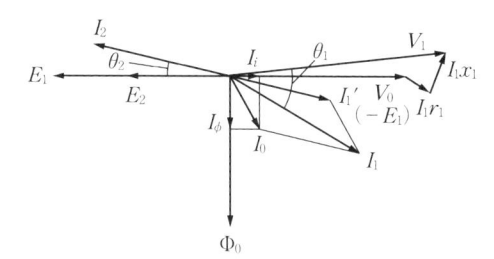

図3.20 T形等価回路のベクトル図

$$\left.\begin{array}{l} P_2 = m_1 E_2' I_2' \cos\theta_2 = m_1 E_1 I_1' \cos\theta_2 \\ P_{in} = m_1 V_1 I_1 \cos\theta_1 \\ \theta_1 = \tan^{-1} \dfrac{I_1' \sin\theta_2 + I_\phi}{I_1' \cos\theta_2 + I_i} \\ \eta = \dfrac{P_o}{P_{in}} = \dfrac{(1-s)P_2}{P_{in}} \end{array}\right\} \quad (3.25)$$

(4) **等価回路の簡易化** 励磁電流が小さく $I_1 \fallingdotseq I_1'$ と近似できるときは,励磁アドミタンスを電源側に移動し,**図 3.21** のように**簡易等価回路**(approximate equivalent circuit)(L形等価回路)を考えることができる。

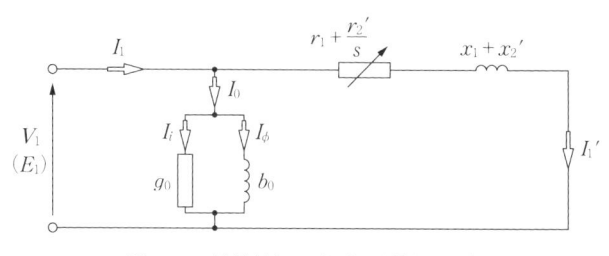

図 3.21 簡易等価回路(L形等価回路)

このとき,特性計算式は次式になる。

$$\left.\begin{array}{l} V_1 = I_1' \left\{ \left(r_1 + \dfrac{r_2'}{s}\right) + j(x_1 + x_2') \right\} \\ I_1 = I_1' + I_0 \end{array}\right\} \quad (3.26)$$

3.4.2 等価回路定数の測定

等価回路の定数は設計時には鉄心や巻線の寸法から計算により求める。できあがった製品については試験により求められる。

（1） 一次抵抗測定 一次端子間の抵抗を直流で測定する。図 3.22 のように端子間の抵抗 R_1 は，Y 接続の場合，1 相の巻線抵抗 r_1 の 2 倍である。測定時の温度を t（℃）とし，測定した抵抗の平均値 R_1 の 1/2 を**基準巻線温度** T（℃）に換算して，一次 1 相の抵抗 r_1 を求める。基準巻線温度は JIS C 4210（2001）において，絶縁種別 E 種は 75 ℃，B 種は 95 ℃，F 種は 115 ℃としている。

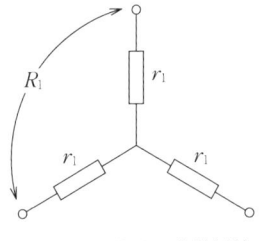

図 3.22 Y 接続の巻線抵抗

$$r_1 = \frac{R_1}{2} \times \frac{234.5 + T}{234.5 + t} \quad (\Omega) \tag{3.27}$$

実際の巻線が Δ 接続の場合は，r_1 は Y 接続に換算した抵抗になる。

（2） 無負荷試験 定格電圧 V_r で無負荷（同期速度，$s=0$）で運転し，図 3.23 に示すように，無負荷電流 I_0，三相電力 P_0 を測定する。

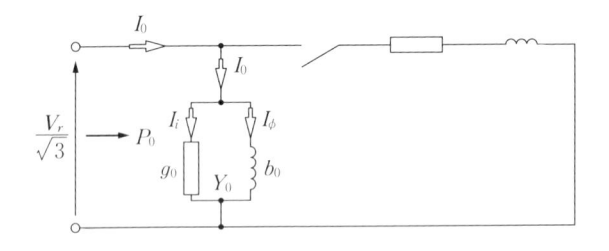

図 3.23 無負荷試験

無負荷電流 I_0 は励磁電流であり，無負荷入力 P_0 は鉄損である。これより，鉄損電流 I_i および磁化電流 I_ϕ は次のようになる。

$$\left. \begin{array}{l} I_i = I_0 \cos \varphi_0 \quad \text{(A)} \\ I_\phi = \sqrt{I_0^2 - I_i^2} \quad \text{(A)} \\ \cos \varphi_0 = \dfrac{P_0}{\sqrt{3}\, V_r I_0} \end{array} \right\} \tag{3.28}$$

回路定数は次のように求められる。

$$
\left.\begin{array}{l}
Y_0 = \dfrac{\sqrt{3}\,I_0}{V_r} \quad (\mathrm{S}) \\[6pt]
g_0 = \dfrac{\sqrt{3}\,I_i}{V_r} \quad (\mathrm{S}) \\[6pt]
b_0 = \dfrac{\sqrt{3}\,I_\phi}{V_r} \quad (\mathrm{S})
\end{array}\right\} \tag{3.29}
$$

（3）**拘束試験** 回転子を回らない（$s=1$）ように拘束し，図 3.24 に示すように一次端子に低電圧を加え，一次電流がほぼ定格電流 I_S になったとき，端子電圧 V_S と三相電力 P_S を測定する。

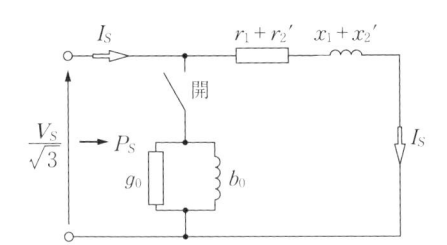

図 3.24 拘束試験

V_S は定格電圧の $1/6 \sim 1/8$ 程度であるから，鉄損（励磁回路）は無視できる。ゆえに

$$
\left.\begin{array}{l}
Z = \dfrac{V_S}{\sqrt{3}\,I_S} \quad (\Omega) \\[6pt]
r_1 + r_2' = \dfrac{P_S}{3I_S^2} \quad (\Omega) \\[6pt]
x_1 + x_2' = \sqrt{Z^2 - (r_1+r_2')^2} \quad (\Omega)
\end{array}\right\} \tag{3.30}
$$

が算出できる。

一次抵抗測定による r_1 を代入すれば r_2' が求められる。

$$
r_2' = (r_1 + r_2') - r_1 \quad (\Omega) \tag{3.31}
$$

x_1 と x_2' は分離できないが，実用的に等分する。

$$
x_1 \fallingdotseq x_2' \quad (\Omega) \tag{3.32}
$$

一次側に定格電圧 V_r を印加したときの拘束電流 I_S' は

$$I'_S = \frac{V_r}{V_S} I_S \quad \text{(A)} \tag{3.33}$$

銅損 P'_S は

$$P'_S = \left(\frac{V_r}{V_S}\right)^2 P_S = P_{C1S} + P_{C2S} \quad \text{(W)} \tag{3.34}$$

で求められる。ここで，P_{C1S} は一次銅損，P_{C2S} は二次銅損である。

3.5 誘導電動機の特性

3.5.1 特性計算式

（1） **入力と出力**　ここでは L 形等価回路により特性計算式を導く。図 3.21 において

$$\left.\begin{array}{l} Z_1 = r_1 + jx_1 \\ Z_2 = r'_2/s + jx'_2 \\ Y_0 = g_0 - jb_0 \end{array}\right\} \tag{3.35}$$

とおいて，電流，力率，入力および出力は次のようになる。

$$I'_1 = \frac{V_1}{Z_1 + Z_2} = \frac{V_1}{r_1 + r'_2/s + j(x_1 + x'_2)} = \frac{sV_1}{r'_2 + s\{r_1 + j(x_1 + x'_2)\}} \tag{3.36}$$

すべり s が小さいときは，次式のように近似できる。

$$I'_1 \fallingdotseq \frac{sV_1}{r'_2} \tag{3.37}$$

さらに

$$\left.\begin{array}{l} I_0 = V_1 Y_0 \\ I_1 = I_0 + I'_1 = V_1 \left(Y_0 + \dfrac{1}{Z_1 + Z_2}\right) = V_1 \left\{\left(g_0 + \dfrac{r_1 + r'_2/s}{Z^2}\right) - j\left(b_0 + \dfrac{x_1 + x'_2}{Z^2}\right)\right\} \end{array}\right\} \tag{3.38}$$

ただし

3.5 誘導電動機の特性

$$Z = \sqrt{\left(r_1 + \frac{r_2'}{s}\right)^2 + \left(x_1 + x_2'\right)^2} \fallingdotseq \frac{r_2'}{s} \quad (s\text{が小さいとき})$$

これより，力率 $\cos\theta$，一次入力 P_1，二次入力 P_2 は，m_1 を一次相数として

$$\cos\theta = \frac{g_0 + (r_1 + r_2'/s)/Z^2}{\sqrt{\{g_0 + (r_1 + r_2'/s)/Z^2\}^2 + \{b_0 + (x_1 + x_2')/Z^2\}^2}} \tag{3.39}$$

$$\left.\begin{array}{l} P_1 = m_1 V_1 I_1 \cos\theta \quad (\text{W}) \\ P_2 = m_1 I_1'^2 \dfrac{r_2'}{s} \quad (\text{W}) \end{array}\right\} \tag{3.40}$$

すべり s が小さいときは，式 (3.37) を用いて

$$P_2 \fallingdotseq m_1 \left(\frac{sV_1}{r_2'}\right)^2 \frac{r_2'}{s} = \frac{sm_1 V_1^2}{r_2'} \quad (\text{W}) \tag{3.41}$$

さらに，一次銅損 P_{1C}，二次銅損 P_{2C} は

$$\left.\begin{array}{l} P_{1C} = m_1 I_1'^2 r_1 \quad (\text{W}) \\ P_{2C} = m_1 I_1'^2 r_2' \quad (\text{W}) \end{array}\right\} \tag{3.42}$$

機械的出力 P_o は

$$P_o = P_2 - P_{2C} = \frac{m_1 I_1'^2 r_2'(1-s)}{s} = (1-s)P_2 \quad (\text{W}) \tag{3.43}$$

実際には，これより電動機の軸受などで生じる機械損などを引いたものが，負荷の利用しうる出力である．効率は機械損を無視すると次式で表される．

$$\eta = \frac{P_o}{P_1} \quad (\text{p.u.}) \tag{3.44}$$

また，二次効率は

$$\eta_2 = \frac{P_o}{P_2} \quad (\text{p.u.}) \tag{3.45}$$

となる．

（2）**トルク**　機械的出力 P_o は回転機のトルク T と角速度 ω の積である．また，式 (3.43) より $P_o = (1-s)P_2$，角速度は $\omega = 2\pi(1-s)f/p$ であるから，トルクは次式となる．

$$T = \frac{P_o}{\omega} = \frac{P_o}{2\pi(1-s)f/p} = \frac{p}{2\pi f} m_1 I_1'^2 \frac{r_2'}{s}$$

$$= \frac{p}{2\pi f} \frac{m_1 V_1^2}{(r_1 + r_2'/s)^2 + (x_1 + x_2')^2} \frac{r_2'}{s} \quad \text{(Nm)} \tag{3.46}$$

トルクは二次入力に比例するので，二次入力をトルクの代用とすることができる。これを**同期ワット**（synchronous Watt）で表したトルクという。

$$T' = T \times \frac{2\pi f}{p} = P_2 = \frac{m_1 I_1'^2 r_2'}{s} = \frac{P_o}{1-s} = \frac{P_{2C}}{s} \quad \text{（同期ワット）} \tag{3.47}$$

すべりを0〜1まで変化させて，一次電流 I_1，トルク T，機械的出力 P_o，力率 $\cos\theta$，効率 η を描くと**図3.25**のようになる。

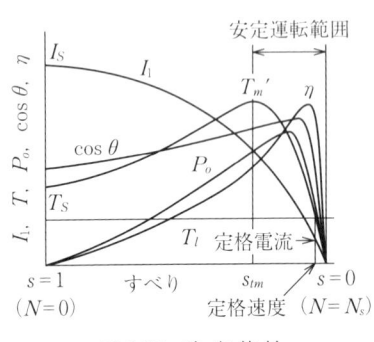

図3.25 速度特性

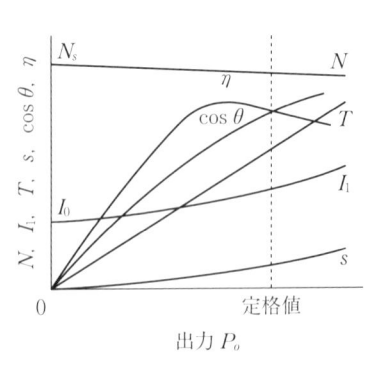

図3.26 出力特性

すべり $s=1$ のときの電流 I_s を始動電流，トルク T_s を始動トルク，最大のトルク T_m' を**最大トルク**（maximum torque）または**停動トルク**（breakdown torque）という。最大トルクは $dP_2/ds = 0$ を満足する s_{tm} の値を求め

$$s_{tm} = \pm \frac{r_2'}{\sqrt{r_1^2 + (x_1 + x_2')^2}} \fallingdotseq \frac{r_2'}{x_2'} \tag{3.48}$$

これを P_2 の式に代入して求められる。

$$T_m' = P_{2m} = \frac{m_1 V_1^2}{2\{r_1 \pm \sqrt{r_1^2 + (x_1 + x_2')^2}\}} \fallingdotseq \pm \frac{m_1 V_1^2}{2x_2'} \quad \text{（同期ワット）} \tag{3.49}$$

ここで，＋は電動機，－は発電機である。

3.5 誘導電動機の特性

負荷が速度にかかわらず一定なトルク T_l を必要とすると，電動機のトルクと一致するすべり s で回転し負荷電流が流れる。負荷がなければ電動機はほぼ同期速度で回転し，無負荷電流が流れる。

速度特性に基づき，誘導電動機を一定電圧，一定周波数で運転し，出力を変化させた諸特性を**図 3.26** に示す。出力の増加に伴いトルクは直線的に増加し，定格値付近で効率や力率は大きくなる。また，負荷の増加による回転数の減少は緩やかで，ほぼ定速電動機といえる。

電気機器に保証された使用限度を定格という。電動機に**定格電圧**（rated voltage），定格周波数の電源を接続し，軸に定格負荷をかけたとき流れる電流を**定格電流**（rated current）といい，このときの出力を**定格出力**，トルクを**定格トルク**，回転数を**定格回転数**という。

小形および中形の一般用低圧三相かご形誘導電動機について，JIS C 4210 (2001) に示されている特性の例を**表 3.2** に示す。

表 3.2　一般用低圧三相かご形誘導電動機（200 V・4 極）の特性例
　　　　（JIS C 4210 (2001) IP2X（保護形）　から抜粋）

定格出力 (kW)	全負荷特性		参 考 値		
	効 率 η (%)	力 率 p.f (%)	無負荷電流 I_0 (A)	全負荷電流 I (A)	全負荷すべり s (%)
0.75	69.5 以上	70.0 以上	2.8	4.2	8.0
1.5	75.5 以上	75.0 以上	4.3	7.3	7.5
3.7	81.0 以上	78.0 以上	9.0	16.1	6.5
15	85.5 以上	80.5 以上	28	60	5.5
37	87.0 以上	82.0 以上	63	143	5.5

定格負荷のすべりは約 5.5～8.0 % 程度である。一次無負荷電流はほとんどが無効電流の励磁電流成分で定格時（全負荷電流）の 44～67 % 程度である。力率は小形および中形クラスでは 70～80 % であるが，100 kW 以上では 90 % 級も多い。電動機の効率クラスは，国際規格 IEC 60034-30 で制定されている。日本では，おもにインバータ技術によって省エネルギー化が行われてきた。JIS C 4034 に IEC 規格と同じ基準が制定されているが推奨にとどまっている。

3.5.2 比 例 推 移

巻線形誘導電動機の回転子側の二次巻線はスリップリングを通して,外部抵抗 R が接続されており,外部抵抗の調整により,すべり－トルク特性が変化する。すなわち,始動時に抵抗を大きく,速度上昇に伴って抵抗を小さくすることで,小さい始動電流で大きな始動トルクを得ることができる。

巻線形電動機の二次等価回路である**図3.27**において,一次換算した二次電流 I_1',および同期ワット(二次入力 P_2)で表したトルクは

$$\left. \begin{array}{l} I_1' = \dfrac{E_1}{\sqrt{(r_2'+R')^2/s^2 + x_2'^2}} \quad \text{(A)} \\[2mm] T' = P_2 = I_1'^2 \dfrac{r_2'+R'}{s} = \dfrac{E_1^2}{(r_2'+R')^2/s^2 + x_2'^2} \cdot \dfrac{r_2'+R'}{s} \quad \text{(同期ワット)} \end{array} \right\} \quad (3.50)$$

図 3.27 巻線形電動機の二次等価回路

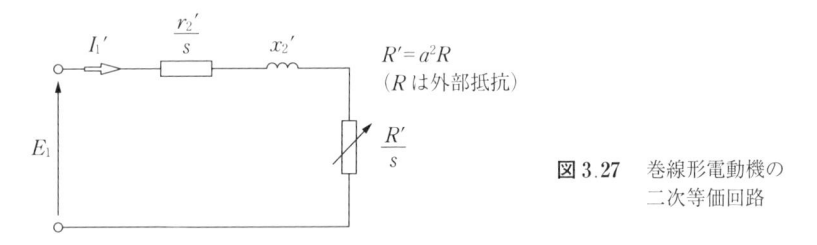

T'(同期ワット)は $(r_2'+R')/s$ の関数であり,T' が一定であれば,$(r_2'+R')/s$ も一定でなければならない。すなわち,この条件を保ったまま R' を変化させると,$r_2'+R'$ の変化に比例してすべり s も変化する。これを**比例推移**(proportional shifting)という。

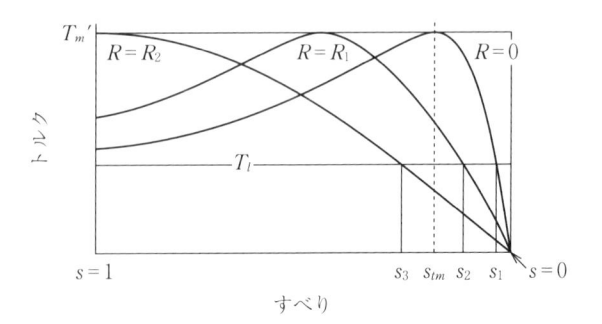

図 3.28 比 例 推 移

3.5　誘導電動機の特性　69

図 3.28 は以上の関係を表したものであり，同一負荷トルク T_l におけるすべり s_1, s_2, s_3 は次式の関係がある。ここで，A は任意の定数である。

$$\frac{r_2'}{s_1} = \frac{r_2' + R_1'}{s_2} = \frac{r_2' + R_2'}{s_3} = \frac{Ar_2'}{As_1} \tag{3.51}$$

3.5.3　円線図法および円線図計算法

円線図（circle diagram）は JIS C 4207 で規格化されていたが，国際規格に合わせて 2001 年に JIS C 4210 に統一され，円線図は JIS 規格から廃止されて，最大トルクの算定は特に指定がない限り等価回路法を用いることになった。しかし，円線図は特性を理解するうえで基本的なことなので概説する。

（1）**L 形円線図**（ハイランド円線図：Heyland's circle diagram）

a．円線図の作成

一定電圧，一定周波数で運転するとき，負荷トルクが増加すれば回転数が若干減少し，発生トルクが上昇し，新しいすべりで平衡する。すなわち，図 3.21 の L 形等価回路で，励磁電流 I_0 は一定で，r_2'/s の変化となる。L 形等価回路から，一次負荷電流 I_1' は次式となる。

$$I_1' = \frac{V_1}{\sqrt{(r_1 + r_2'/s)^2 + (x_1 + x_2')^2}} \quad (\text{A}) \tag{3.52}$$

V_1 と I_1' の位相角（インピーダンス角）を θ_2 とすると，次式のように変形できる。

$$\left. \begin{array}{l} \sin \theta_2 = \dfrac{x_1 + x_2'}{\sqrt{(r_1 + r_2'/s)^2 + (x_1 + x_2')^2}} \\[2mm] I_1' = \dfrac{V_1}{x_1 + x_2'} \sin \theta_2 \quad (\text{A}) \end{array} \right\} \tag{3.53}$$

ここで，V_1 および $x_1 + x_2'$ は一定であり，I_1' は s の変化，すなわち θ_2 の変化に従い，$V_1/(x_1 + x_2')$ を直径 $\overline{\text{NM}}$ とする円の軌跡を描く。さらに，原点を励磁電流 I_0 だけずらして点 O に移せば，$I_0 + I_1' = I_1(\overline{\text{OP}})$ の軌跡は同じ円になる。これは**図 3.29** のようになり，効率，力率などの特性を求めることができ，これを L 形円線図法という。

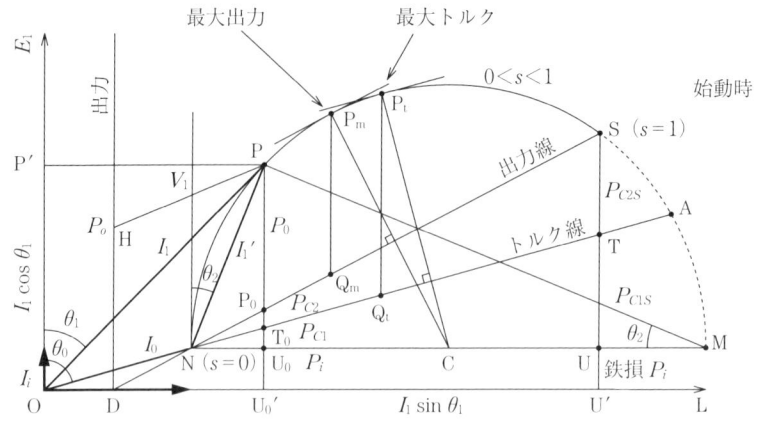

図 3.29 L 形円線図法

L 形円線図法は Heyland 氏の創意によるものでハイランド氏法ともいう。これと同様なことを計算で求める方法を L 形円線図計算法という。

b．特性の算定

有効電流は，一次電圧 E_1 の線上から $I_1 \cos \theta_1$ が読みとれる。E_1 が一定であれば一次電力と力率は次式で表される。

$$\left. \begin{array}{l} P_1 = E_1 I_1 \cos \theta_1 \\ \cos \theta_1 = \dfrac{I_1 \cos \theta_1 \text{の長さ}}{I_1 \text{の長さ}} = \dfrac{\overline{OP'}}{\overline{OP}} \end{array} \right\} \qquad (3.54)$$

誘導電動機が始動時（停止時）の一次電流は，その先端は点 S 上にある。このときの有効電力は

$$P_S = \overline{SU'} = \overline{UU'} + \overline{TU} + \overline{ST} = V_1 I_i + I_1'^2 r_1 + I_1'^2 r_2$$

$$= \text{鉄損} \quad + \quad \text{一次銅損} \quad + \quad \text{二次銅損} \qquad (3.55)$$

$\overline{PU_0'}$ は式 (3.54) で述べたように，入力 P_1 であり，機械的出力 P_o との関係は次式になる。

$$P_1 = P_o + P_i + P_{C1} + P_{C2} \qquad (3.56)$$

始動時は $s=1$ であり，$P_o = 0$ となる。

運転時は効率は $\eta = P_o / P_1 = \overline{HD} / \overline{PU_0'}$，トルク（同期ワット）は $T = 3V_1 \times \overline{PT_0}$，

すべりは $s = P_{C2}/P_2 = \overline{P_0T_0}/\overline{PT_0}$ で表される。

c. 最大値の算出

① 最大力率は点 O から半円に引いた接線の接する位置で，$\cos\theta_1 = \overline{OP}/\overline{OP'}$ である。

② 最大出力は出力線と円弧が平行に接する点 P_m となる出力である。

$$P_{om} = 3V_1 \times \overline{P_mQ_m} \quad (W)$$

③ 最大トルク（同期ワット）は，トルク線と平行に円弧に接する点 P_t から得られる。

$$P_{2m} = 3V_1 \times \overline{P_tQ_t} \quad (同期ワット)$$

（2） T形円線図（鳳円線図）　T形等価回路からはL形よりは複雑になるが，同様に特性を求めることができる。これをT形円線図法，計算で求める場合をT形円線図計算法という。T形円線図法は鳳氏法ともいわれ，鳳秀太郎氏の創案による。理論的に正確なので大形機に使用される。

3.5.4 三相電圧不平衡の特性

三相電圧不平衡では，回転機は逆相インピーダンスが非常に小さく，$r_2/(2-s)$ で表されるので，逆相電圧が小さくても逆相電流が大きくなることに注意が必要である。例えば三相側の電圧が，110 V，100 V，90 V の不平衡のときは，逆相電流は定格電流の 50 % にもなり，温度上昇が増大する。効率も約 30 %，力率も約 20 % 低下する。しかしトルクは 1〜2 % 程度の低下であまり変わらず，気付かずに使い続けると焼損するので出力を下げて使うことになる。

3.6　三相誘導電動機の始動および制動法

3.6.1 かご形誘導電動機の始動

（1） 全電圧始動　かご形誘導電動機に直接定格電圧を加えれば，定格電流の 5〜7 倍の電流が流れるが，一般に 5 kW 程度以下の小容量機は配電線路

に及ぼす影響が少ないから，**全電圧始動**を行う。**直入れ始動**ともいう。

図 3.30 はトルク特性であり，全電圧始動は始動トルクが小さく，負荷を接続して始動する場合，誘導電動機の発生トルク T_m と負荷トルク T_l の差である．加速トルク T_a が十分でないと始動できない。$T_m = T_l$ で安定運転になる。

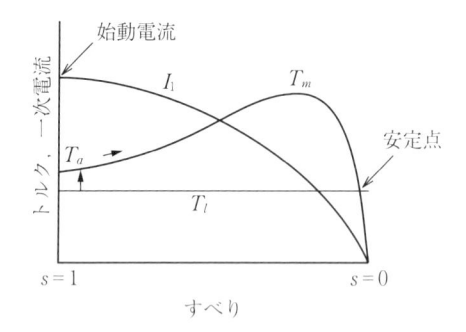

図 3.30 全電圧始動のトルク特性

（2） **Y-Δ 始動法**　**Y-Δ 始動法**は全電圧始動が困難な 3.7 ～ 15 kW 程度の容量のかご形電動機に用いられる。図 3.31 の回路を構成し，固定子巻線を始動時に Y 結線，運転時に Δ 結線に切り換える。

始動時に 1 相の巻線に加わる電圧は線間電圧の $1/\sqrt{3}$ 倍になるため，相電

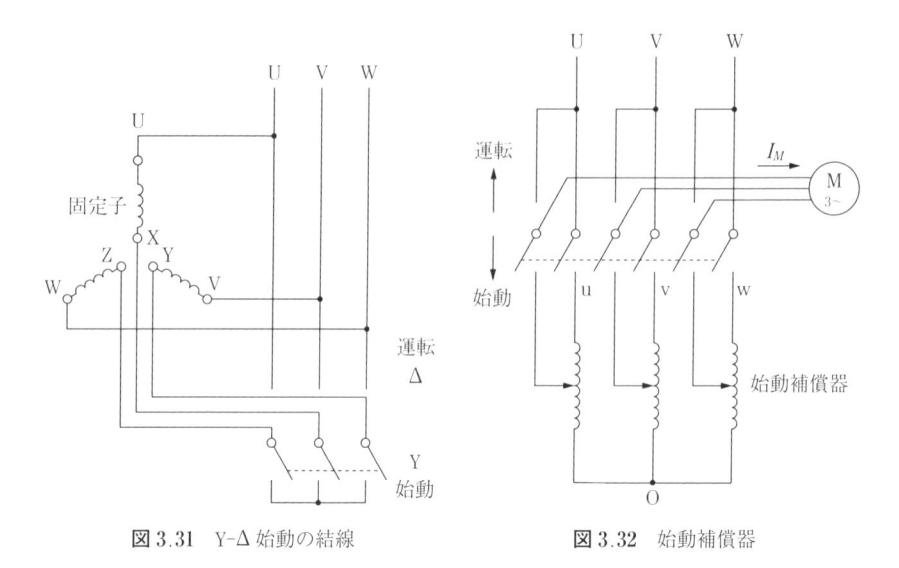

図 3.31 Y-Δ 始動の結線

図 3.32 始動補償器

流も $1/\sqrt{3}$ 倍になり，このためトルクは $1/3$ 倍になる．始動完了したあとに Δ 結線に切り換えると相電圧は定格電圧になり，一次巻線の電流は Y 結線時の $\sqrt{3}$ 倍になり，電源から流れる線電流は 3 倍になる．このため，始動電流は全電圧始動の約 $1/3$ であり，定格負荷電流の $2 \sim 3$ 倍に制限される．

（3）**始動補償器** 通常 15 kW 以上のかご形誘導電動機は**図 3.32** のような**始動補償器**で始動する．図 3.32 のように単巻変圧器（始動補償器）で適当な電圧を電動機に加えて始動させ，全速度に達したあとに定格電圧に切り換える．

定格電圧と始動補償器のタップ電圧の比を a とすれば，二次始動電流は $1/a$ 倍に，始動補償器の一次電流は $1/a^2$ 倍に，始動トルクは $1/a^2$ 倍になる．例えば，タップ電圧を定格電圧の $50 \sim 80$ %にすれば，始動電流は負荷電流の $1.25 \sim 3.5$ 倍，始動トルクは全負荷トルクの $40 \sim 100$ %になる．

始動補償器を始動から運転側に切り換えた瞬間，誘導電動機の固定子に電圧が残存し過大な電流が流れることがある．そこで，始動補償器の O 側をまず開いて直列リアクトルとして動作させ，次に始動補償器の電源側のコイルを短絡すればこれを防止できる．この始動方法を**コンドルファ**（Kondorfer）**方式**という．

（4）**直列抵抗法** 小形のかご形機に対して一次側に直列に可変抵抗器を挿入して電圧を下げ，始動後に抵抗器を逐次短絡する．リアクトルを用いることもある．

（5）**機械的始動法** 無負荷で始動して全速度に達したあと負荷に連結する．摩擦継手や電磁継手を用いる．

3.6.2 巻線形誘導電動機の始動

巻線形誘導電動機では回転子に接続する外部抵抗 R を調整し，すべり‐トルク曲線，すべり‐一次負荷電流を**比例推移**することができる．始動中の一次電流とトルクは次式で表される．

$$I_1 = \frac{V_1}{\sqrt{(r_1 + R'/s)^2 + (x_1 + x_2')^2}} \quad \text{(A)} \tag{3.57}$$

$$T = \frac{pm_1}{2\pi f} I_1^2 \frac{R'}{s} \quad \text{(Nm)} \tag{3.58}$$

ここで R' は（二次巻線抵抗 $+R$）の一次換算値である。

そこで，R'/s が一定になるように R' を連続的に変化させれば，図3.33に示すようにトルクと電流は一定となり，負荷トルクが一定ならば定速度，高力率で始動ができる。最終段階ではスリップリング間を別の装置で短絡してブラシを引き上げる。

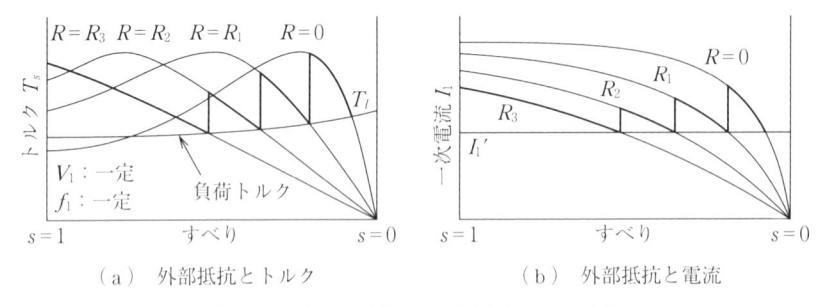

（a）外部抵抗とトルク　　（b）外部抵抗と電流

図3.33　巻線形電動機の比例推移による始動

3.6.3 異常始動現象

（1）**次同期運転**（クローリング：crawling）　　固定子電流が作る回転起磁力基本波によるトルク T_1 と空間磁束密度の高調波成分によるトルク特性を

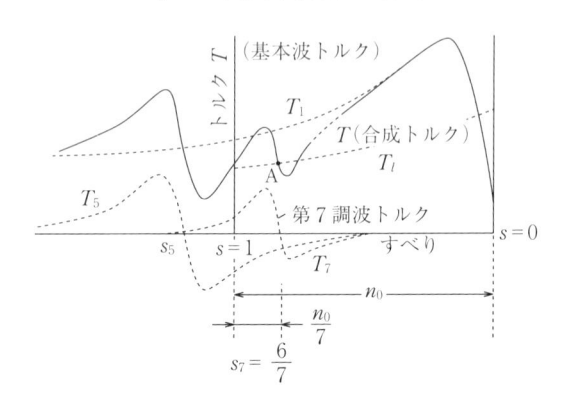

図3.34　次同期運転のトルク特性

図 3.34 に示す。三相巻線は左右対称のため偶数調波は発生しない。また，第 3, 9, 15, …調波は零相（単相）で回転磁界は作らない。このため，第 5 調波以上の奇数調波について述べる。

基本波の同期速度を $n_0 = f/p(\text{s}^{-1})$ とすると，第 7, 13, …調波の起磁力は基本波と同方向に n_0/ν（$\nu =$ 高調波次数，正の奇数）の速度で回り，第 7 調波の n_0 に対するすべりは

$$s_7 = 1 - \frac{1}{7} = \frac{6}{7} < 1 \tag{3.59}$$

となる。第 7 調波のトルク速度特性は T_7 のようになり，合成トルクは T となる。この T と負荷トルク T_l が交われば点 A 以上に加速しない。この結果，過電流のため，焼損することがある。

第 5, 11, …調波の起磁力は基本波と逆方向に回り，$s_\nu = 1 + 1/\nu > 1$ で，速度 - トルク特性は $s = 1$ の左側になり，クローリングは発生しない。クローリングはかご形に生じるもので，固定子と回転子の組合せが悪いと起こりやすい。

対策として，**図 3.35** の**斜めスロット**（skewed slot）にすることにより高調波起磁力が著しく減少し，クローリングが緩和できる。

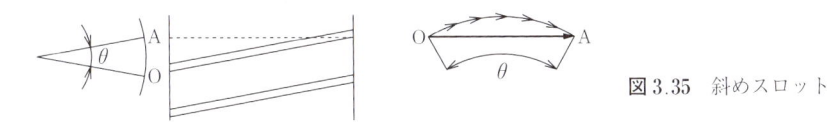

図 3.35 斜めスロット

斜めスロットにより，合成起磁力は次式のように減少する。

$$\frac{\text{弦 }\overline{OA}}{\text{円弧 }\overset{\frown}{OA}} = \frac{\sin(\theta/2)}{\theta/2} \quad (\text{倍}) \tag{3.60}$$

（2） **ゲルゲス現象**　三相巻線形誘導電動機を始動する場合，二次側の 1 相が開放すると回転子が半分程度の速度（$s \doteqdot 0.5$）までしか加速しない。これを**ゲルゲス現象**（Görges phenomena）という。

図 3.36 は二次側が単相の誘導電動機のトルク特性である。周波数が sf の二次電流は単相であるから交番磁束を作る。これを大きさが $1/2$ で正逆両方向に速度 $sf/p(\text{s}^{-1})$ で回る二つの起磁力に分ける。回転子は $(1-s)f/p$ の速度

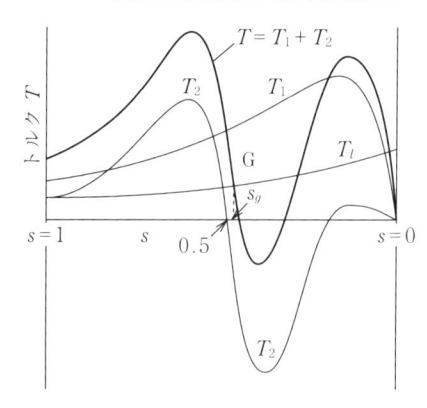

図 3.36 二次側が単相の誘導電動機のトルク特性

で回っている。

正相分は固定子に対して

$$n_1 = \frac{(1-s)f}{p} + \frac{sf}{p} = \frac{f}{p} \quad (\mathrm{s}^{-1}) \tag{3.61}$$

の速度で回り，固定子が作る磁界と作用して正方向にトルク T_1 を生じる。

逆相分は空間に対して

$$n_2 = \frac{(1-s)f}{p} - \frac{sf}{p} = \frac{(1-2s)f}{p} \quad (\mathrm{s}^{-1}) \tag{3.62}$$

の速度で回り，固定子に $(1-2s)f$ の電流を流してトルク T_2 を生じる。

すべり $s=0.5$ で $n_2=0$，$T_2=0$ となり，T_1 と T_2 の合成トルク T は大きく陥没し，負荷 T_l との交点 G（すべり s_g）で回転子は回転する。

3.6.4 逆転と制動

（1） 逆 転 誘導電動機の回転方向は，回転磁界の方向によるため，一次側の3線のうち任意の2線を入れ換えれば**逆転**する。

（2） 制 動

a．機械的制動（mechanical braking）

機械的な摩擦により制動する方法である。手動ブレーキ，電磁ブレーキ，油圧ブレーキなどがある。

b．逆相制動（plugging）

三相誘導電動機の回転中に，三相側の2線を入れ換えると大きな電機子電流が流れ大きな制動トルクを得ることができる。誘導電動機が停止直前に電源を開放する必要がある。

c．回生制動（regenerative braking）

誘導電動機の速度－トルク特性は**図 3.37** のようであり，外部から同期速度

以上で回転すると誘導発電機として動作する。例えばインバータ制御電車の回生制動に用いられる。

d． 発電制動（dynamic braking）

電源を切り離し，一つの相に直流電圧を加えて直流磁界を作る。回転子に誘導電力が生じ，二次抵抗が負荷となって制動トルクが発生する。

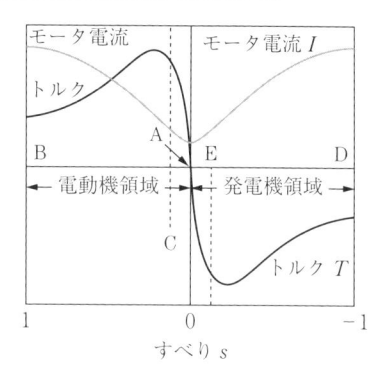

図3.37 誘導電動機のトルク特性[6]

3.7 三相誘導電動機の速度制御

誘導電動機の回転速度は前述の式 (3.3) で表され，電源周波数，極数，すべりにより定まる。すべりは発生トルクと負荷トルクの交点であり，電圧などにより定まる。

3.7.1 極数切換

固定子に異なる極数の巻線を設けて接続を切り換えて段階的な変速を行うものである。このような電動機を**極数切換電動機**（pole changing motor）という。最近はあまり利用されていない。

3.7.2 電圧制御

電源電圧を変化させると速度（すべり）-トルク特性は図 3.38 のようになり，同一すべりで最大トルクが発生する特性になる。電動機のトルクと負荷トルクの平衡点のすべりが変化するため，電圧を変化させることで狭い範囲であるが速度制御ができる。電圧制御には図 3.39 に示すように，**逆並列サイリスタ**（anti-pararell thyristor）や可飽和リアクトルによる位相制御，誘導電圧調整器などが用いられる。

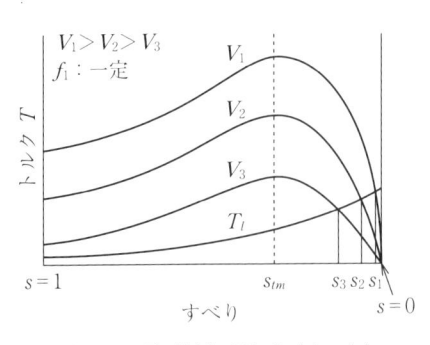

図 3.38　電圧制御式速度(すべり)
　　　　－トルク特性

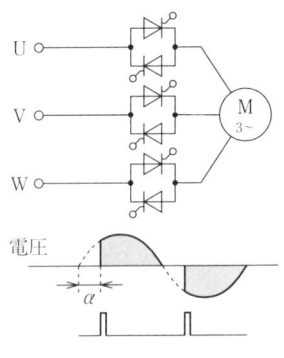

図 3.39　逆並列サイリスタ
　　　　による電圧制御

3.7.3　周 波 数 制 御

（1）**電圧一定制御**　電源周波数を制御することにより，同期速度を比例させて変化させることができる。電圧一定制御の場合のトルク特性は図 3.40 のようになり，高速になるほど最大トルクは低減するが，発生トルクの安定運転範囲が負荷トルクを上回っていれば運転可能である。**CVVF 制御**（constant voltage variable frequency control）という。

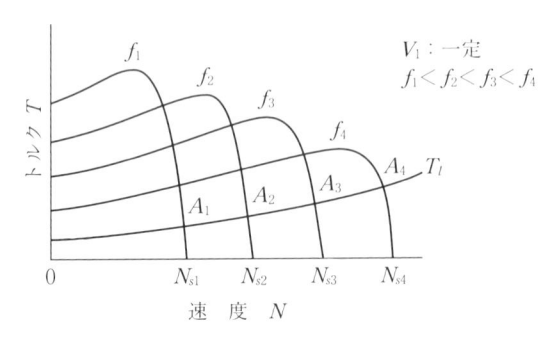

図 3.40　電圧一定制御の速度－トルク特性

（2）　**可変電圧可変周波数（VVVF）制御**　最近では半導体を用いた電力変換装置が進歩しており，図 3.41 に示すように **VVVF インバータ**（variable voltage variable frequency inverter）を用いて V/f **一定制御**を行えば，電動機

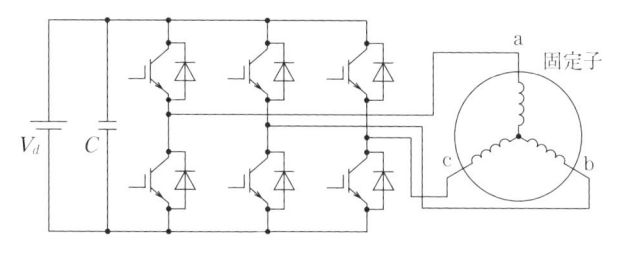

図 3.41 VVVF インバータによる誘導電動機の速度制御

ギャップの磁束 Φ が一定（$\Phi = k \cdot V/f$）になり，**図 3.42** のように周波数制御時に最大トルクを一定に保ったまま速度が変化する．負荷トルクが同一のときは，負荷電流一定のまま加速できる．

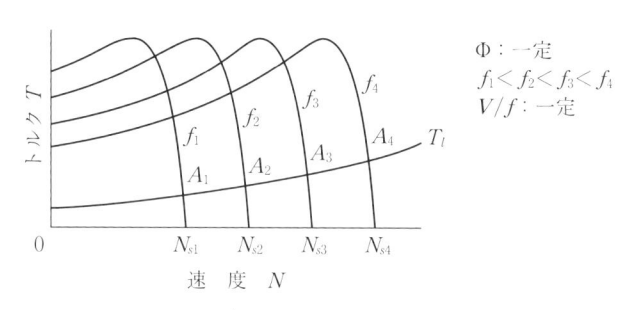

図 3.42 V/f 一定制御の速度-トルク特性

例えば，インバータ電車は V/f 一定制御を行ったあと，一定電圧可変周波数制御（CVVF 制御）を行っている[6]．これにより，直流電動機電車と同じ起動特性を持たせている．

（3）ベクトル制御 **図 3.43** は，誘導電動機の簡易等価回路である．ベクトル制御（vector control）は演算式で一次電流をトルク電流（I_1q）と磁束電流（I_1d）成分として分離し，磁束電流を一定に保ちながらトルク指令に応じたトルク電流を直接制御する方式である．

図 3.44 は負荷急変時の制御性能で，すべりを変えることでトルクを制御するすべり周波数制御に比較して，ベクトル制御は負荷急変時の応答性がよく，制御性能が向上する．

80   3. 誘　導　機

図 3.43　誘導電動機の簡易等価回路

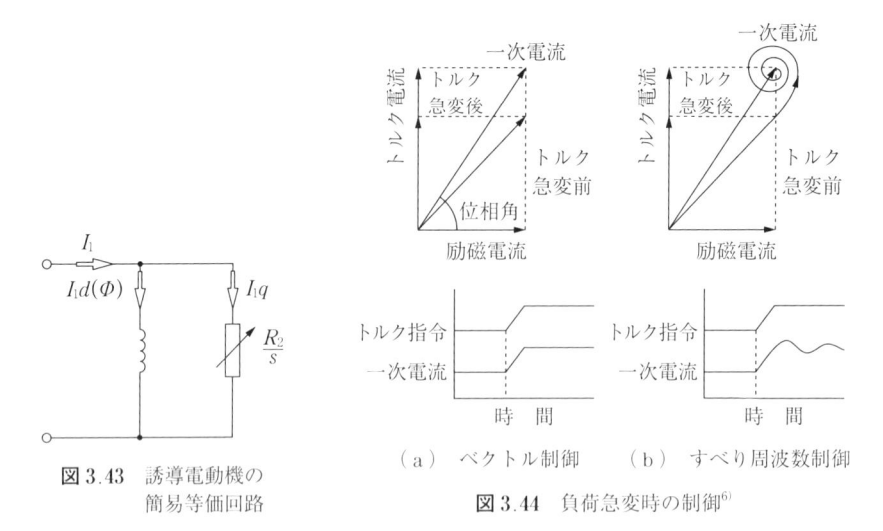

（a）ベクトル制御　　（b）すべり周波数制御

図 3.44　負荷急変時の制御[6]

3.7.4　二次抵抗の調整による方法

巻線形誘導電動機は回転子に接続される抵抗を調整することで，比例推移によりすべりが変化して回転数を制御できる。これを**二次抵抗制御**（rotor resistance control）という。抵抗器の熱損失を利用して効率を改善する方法として，静止クレーマ方式や静止セルビウス方式がある。

図 3.45 の静止クレーマ方式は巻線形誘導電動機の軸に直流電動機を直結し，

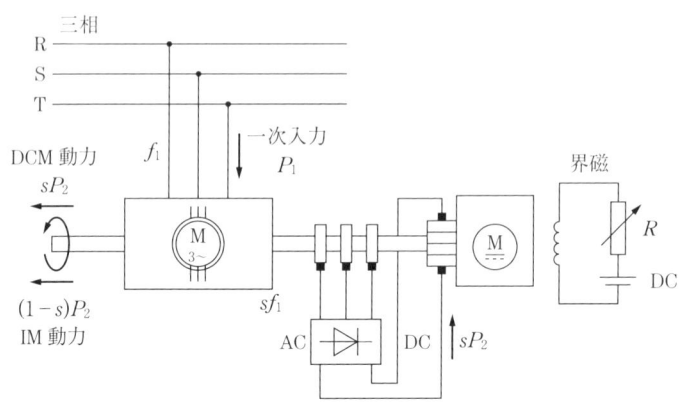

図 3.45　静止クレーマ方式

誘導電動機の二次出力を整流して直流電動機の入力として，2機で負荷を駆動する。**図 3.46** の**静止セルビウス方式**は，巻線形誘導電動機の二次出力をサイリスタインバータで交流に変換して電力として電源に戻している。

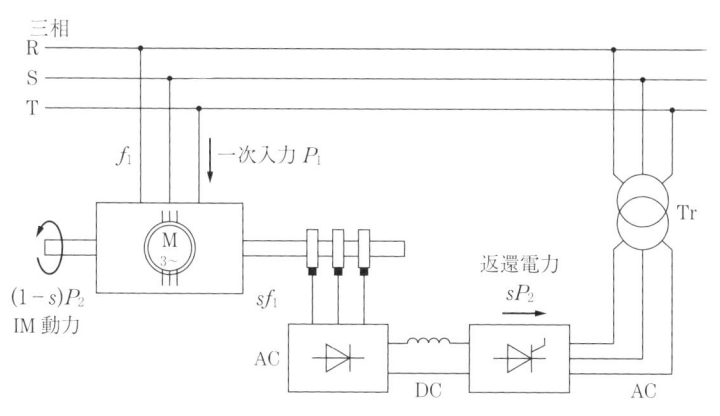

図 3.46 静止セルビウス方式

3.8 単相誘導電動機

3.8.1 単相誘導電動機の動作原理

単相誘導電動機（single-phase induction motor）は家庭用や小形電動機などに一般的に使用される電動機である。しかし，単相交流を電機子巻線に印加するため発生する磁界は交番磁界であり，回転子は回転しない。そこで，何らかの方法で回転子を回転させるとその後は交番磁界で回転を行う。

始動時に始動トルクを発生させる方法によって，単相誘導電動機が分類される。

（1）**交差磁界説** 固定子巻線に単相交流を印加すれば，**図 3.47** に示すように，主磁束として交番磁束 ϕ_1 を生じる。

$$\phi_1 = \Phi_m \cos \omega t \tag{3.63}$$

回転子が停止している状態では変圧器と同様に二次誘起電圧（変圧器起電力）E_t を生じ，$\pi/2$ 遅れの二次電流が流れる。しかし，磁束と電流で生じるトルクは左右打ち消しあって回転できない。すなわち始動トルクは 0 である。

82　3. 誘導機

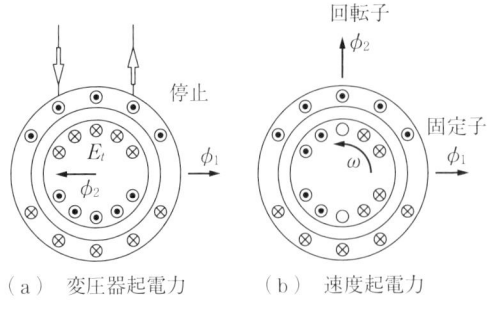

(a) 変圧器起電力　(b) 速度起電力

図 3.47　交差磁界説（2 極）　　　図 3.48　速度－トルク特性

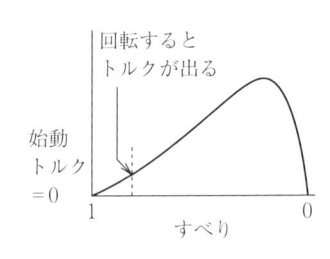

外から力を加えてどちらかの向きに回してやると，回転子導体は磁束を切って回転するので速度起電力を生じ，$\pi/2$ 遅れの電流が流れ，その電流と同位相の交差磁界 ϕ_2 が発生して，**図 3.48** のようにトルクを生じて回転する。

（2）回転磁界説（二電動機理論）　固定子巻線を**図 3.49** のように二つに分け，A_p，A_p' と A_n，A_n' とする。次にこれと空間位置が $\pi/2$ 異なるところに架空の巻線 B_p，B_p' と，これと逆向きに電流が流れる巻線 B_n，B_n' を考える。電流の向きが逆向きなので，この巻線はないのと同様である。

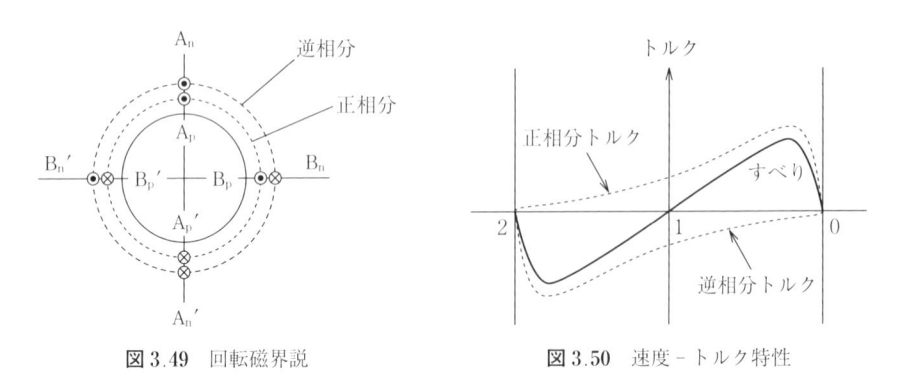

図 3.49　回転磁界説　　　図 3.50　速度－トルク特性

二相巻線 A_p，B_p が正回転磁界を生じて正相分電動機 IM_p を形成し，A_n，B_n が逆回転磁界を生じて逆相分電動機 IM_n を形成する。速度－トルク特性は**図 3.50** のようになる。

すべり $s=1$ では正相分トルクと逆相分トルクが同一なので，始動トルクは

3.8 単相誘導電動機

0であるが，どちらかへ回転すると回転方向のトルクを生じる。

回転磁界説に基づいた単相誘導電動機の等価回路を**図 3.51**に示す。

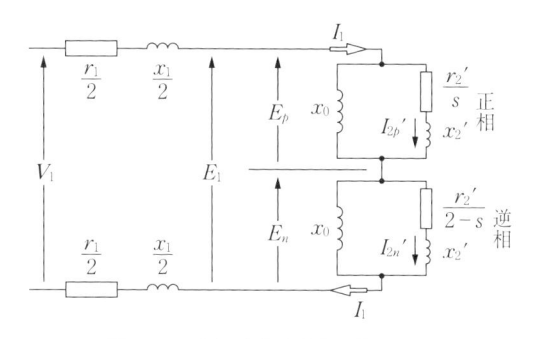

図 3.51 単相誘導電動機の等価回路

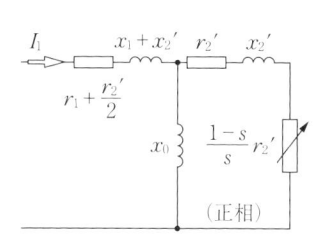

図 3.52 単相誘導電動機の近似等価回路

正相分電動機の回転子がすべりsで回っていると回転周波数は$(1-s)f$で，逆相電動機の二次周波数は$f+(1-s)f=(2-s)f$である。$(r_1+jx_1)/2$は両機の一次インピーダンス，x_0は鉄損を無視した励磁リアクタンスである。

また，一次へ換算した二次回路の合成インピーダンスは正相電動機をZ_{2S}，逆相電動機を$Z_{2(2-S)}$とすれば，次式で表される。

$$\left.\begin{array}{l}Z_{2S} = \dfrac{r_2'}{s} + jx_2' \\[2mm] Z_{2(2-S)} = \dfrac{r_2'}{2-s} + jx_2' \end{array}\right\} \tag{3.64}$$

さらに，すべり$s \fallingdotseq 0$の通常の使用範囲では，$2-s \fallingdotseq 2$となり，逆相電動機の二次回路の合成インピーダンスは励磁リアクタンスx_0より著しく小さく，逆相電動機のx_0は無視できるから，**図 3.52**のように近似できる。

近似等価回路を用いれば，三相機の等価回路の式に相当する式を代入し，一次電流，力率，トルク，二次入力，二次出力などを求めることができる。相数は$m=1$とする。また，同一寸法の機械から得られる単相電動機の出力は，三相機の60 %以下である。

（3） **二相回転磁界**　単相誘導電動機を始動するために，**図 3.53** のように，補助巻線を設けることが行われる。主巻線と補助巻線は空間的に $\pi/2$ ずらして配置しており，各巻線電流を I_m, I_a, 電流間の位相差を θ とすれば，F_{mm} および F_{am} を最大値として，各電流による起磁力は

$$F_m = F_{mm} \cos \omega t \\ F_a = F_{am} \cos(\omega t - \theta) \Biggr\} \quad (3.65)$$

になる。

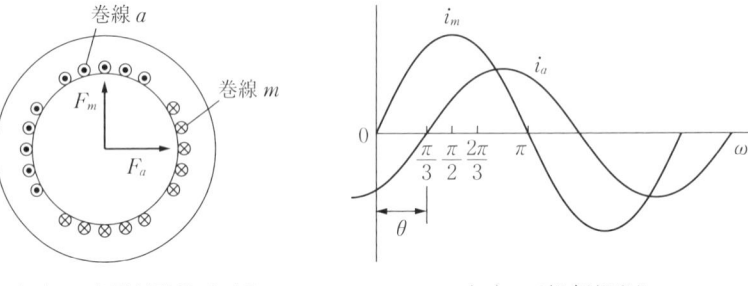

（a）二相巻線配置（2極）　　　　（b）二相交流電流

図 3.53　二相巻線配置と巻線電流

二相の電流の大きさおよび位相差によって合成磁界が変化する。**図 3.54** は時間経過と合成磁界の変化であり，図（a）は $i_m > i_a$ で，$\theta = \pi/3$（60°）の場合，図（b）は $\theta = \pi/2$ の場合であり，楕円回転磁界が形成されることがわかる。

$i_m = i_a$ で $\theta = \pi/2$ の場合は，角速度 ω で回転する円形の回転磁界になる。回

（a）　$I_m > I_a$, $\theta = \pi/3$　　（b）　$I_m > I_a$, $\theta = \pi/2$

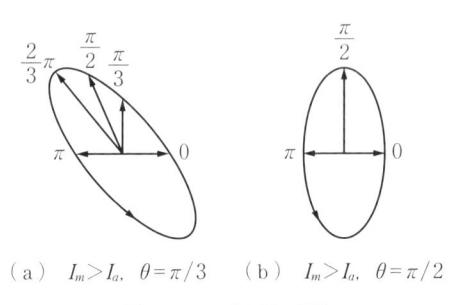

図 3.54　二相回転磁界

3.8 単相誘導電動機

転子は回転磁界に追随するから，回転速度は三相機と同様に次式で表される。

$$N = \frac{120f(1-s)}{P} \quad (\text{min}^{-1}) \tag{3.66}$$

3.8.2 単相誘導電動機の各種始動法

（１）分相始動形電動機（spilit-phase start induction motor）　図 3.55 のように固定子（主巻線）と空間的位置が $\pi/2$ 異なるところに補助巻線を設ける。補助巻線は主巻線に比べて細い線を巻く。補助巻線は抵抗が主巻線より増加し，図 3.56 のベクトル図のように主巻線に流れる電流と補助巻線に流れる電流に位相差ができる。この場合，空間的に $\pi/2$ 異なる巻線に，時間的にも位相の異なる電流が流れるので回転磁界ができ始動トルクが発生する。

回転速度が運転速度の 70～80％になったら，遠心力スイッチや電圧リレーなどで，補助巻線回路を開放する。速度－トルク特性は図 3.57 のようになる。この方式は定格出力 250 W 程度までで，それより大きくなると始動トルク

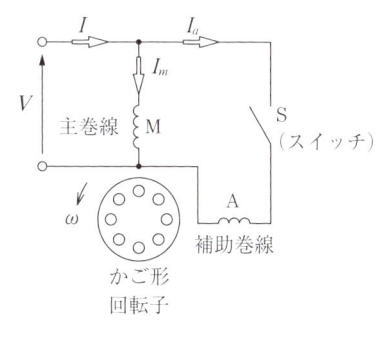

図 3.55　分相始動形の構成

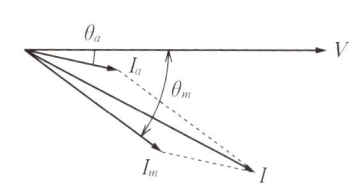

図 3.56　分相始動形のベクトル図

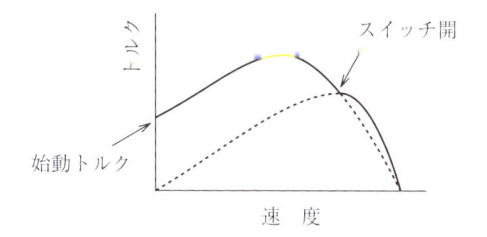

図 3.57　速度－トルク特性

の定格に対する比が 100 % より小さくなる傾向があるので別の方式を用いる.

（2） **コンデンサ始動形電動機**（capacitor-start induction motor） 補助巻線に図 3.58 のようにコンデンサを挿入する．これにより図 3.59 のベクトル図のように補助回路の電流の位相差は $\pi/2$ 近くになり，始動トルクが大きくなる．定格出力 400 W でも 250 μF くらいのコンデンサを挿入すると 200 % を超える始動トルクを得る．図 3.60 はコンデンサ始動形単相誘導電動機の外観であり，凸部がコンデンサである．

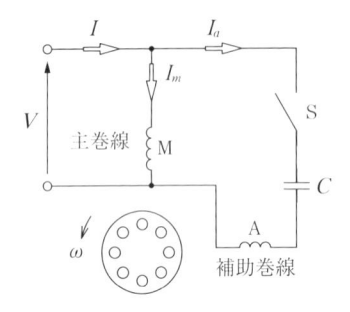

図 3.58 コンデンサ始動形の構成

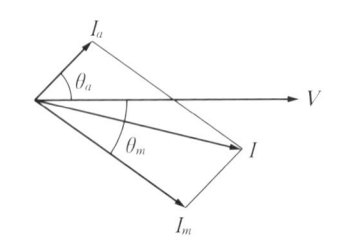

図 3.59 コンデンサ始動形のベクトル

図 3.60 コンデンサ始動形単相誘導電動機
（50/60 Hz・0.4 kW・100/200 V・4 極・1 440/1 730 min^{-1}）
〔北芝電気株式会社製品カタログより〕

（3） **コンデンサ電動機**（capacitor motor） コンデンサを始動時の最適値と運転時の最適値の中間に選んで補助巻線回路に常時接続する．力率，効率が高く，トルクの脈動，振動，騒音が少ない．扇風機，電気洗濯機などの家電製品に用いられる．

始動後に切り離すコンデンサと常時接続の運転用コンデンサを備える電動機を**二値コンデンサ電動機**（コンデンサ始動コンデンサ電動機，two-value capacitor motor) という。前者のコンデンサの値は後者の値の 5～6 倍になる。始動トルクが大きく，運転特性もよい。

（4） 反発始動形電動機　回転子には巻線が巻いてあり，図 3.61 のように整流子が接続されている。ブラシを 2 個取り付けてブラシを短絡するが，ブラシの位置をずらすと固定子巻線と回転子巻線の巻線軸をずらすことができる。ずらす位置を適当にとると大きな始動トルクが出る。

この場合も回転速度が運転速度の 70～80 %になったら短絡装置が働いて整流子を短絡し，かご形巻線と同様の特性になる。速度－トルク特性は図 3.62 のようになる。定格出力 400 W でも 300 %程度の始動トルクが出る。図 3.63 は反発始動形単相誘導電動機の外観であり，左上の○部はブラシホルダである。

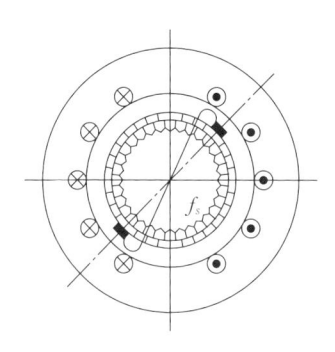

図 3.61　反発始動形の構成

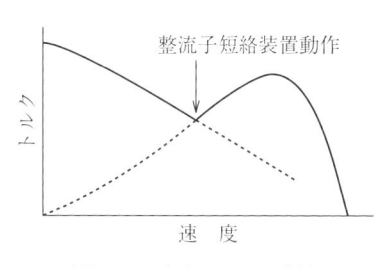

図 3.62　速度－トルク特性

図 3.63　反発始動形単相誘導電動機
（50/60 Hz・0.4 kW・100/200 V
4 極・1 430/1 730 min^{-1}）

（5）　くま取りコイル形電動機（shaded pole induction motor）　固定子が突極形で，その一部に図 3.64 のように銅環（隈取りコイル）を取り付ける。そうすると，磁束 Φ_m に対して Φ_s の位相が時間的に遅れる。磁束は Φ_m から

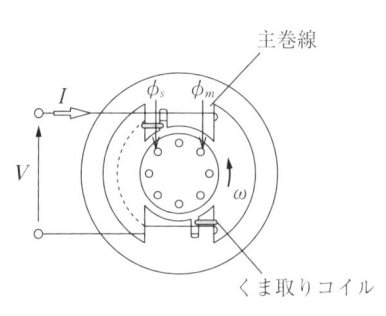

図 3.64 くま取りコイル形の構造

図 3.65 スケルトンモータ

Φ_s のほうへ移動するのでトルクを生じる。すなわち，くま取りコイルの位置は回転子の進行方向側になる。くま取りコイル形は逆転させることができない。

図 3.65 のように鉄心が角形のものは形状が骨格のように見えることからスケルトンモータともいわれる。始動トルクが小さく，くま取りコイルの銅損のため効率も低い（10 % 程度）が，構造が簡単で安価なので温風ヒータ用の小形扇風機や家庭用ミシンなど，数十ワット程度以下の電動機に用いられる。

3.9 誘導電圧調整器

3.9.1 単相誘導電圧調整器

単相誘導電圧調整器（single phase induction regulator）は図 3.66（a）に示

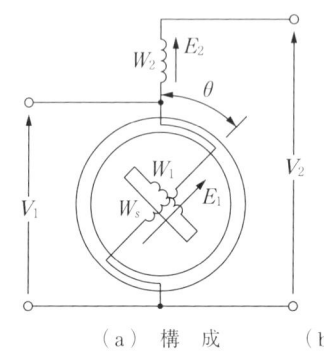

（a）構 成　　（b）外観（一次 200 V，二次 0～400 V/ 7.5 A）

図 3.66 単相誘導電圧調整器

すように巻線形構造の回転子 W_1 と固定子 W_2 に単相巻線を施し，回転子を電源に並列に，固定子を直列に接続する．図（b）は単相誘導電圧調整器の外観であり，軸が回らないようにウォームとウォームギヤを用いる．

両巻線の中心軸のなす角を θ とすれば，回転子が一次（分路巻線），固定子が二次（直列巻線）の単巻変圧器として動作する．図 3.67 に示すように，$\theta=0$ のときの固定子の誘起電圧を E_2 とすれば，負荷の端子電圧は

$$V_2 = V_1 + E_2 \cos \theta \qquad (3.67)$$

となり，θ を変えて，V_2 を $(V_1 - E_2)$ から $(V_1 + E_2)$ まで連続的に可変できる．

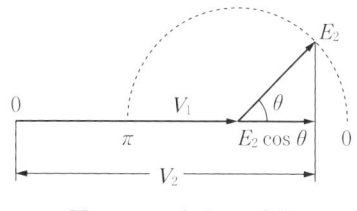

図 3.67　二次電圧の変化

固定子に負荷電流が流れると，起磁力 F_2 のうち，$F_2 \cos \theta$ 成分は電流が流れて打ち消されるが，$F_2 \sin \theta$ 成分は漏れ磁束のために電圧降下が大きくなるのを防ぐため，回転子巻線と直角に短絡コイル W_s を設けてこの成分を打ち消している．

3.9.2　三相誘導電圧調整器

三相誘導電圧調整器（three phase induction regulator）は図 3.68 に示すように，三相巻線形構造の回転子巻線（一次）を電源に，固定子巻線（二次）を負

図 3.68　三相誘導電圧調整器

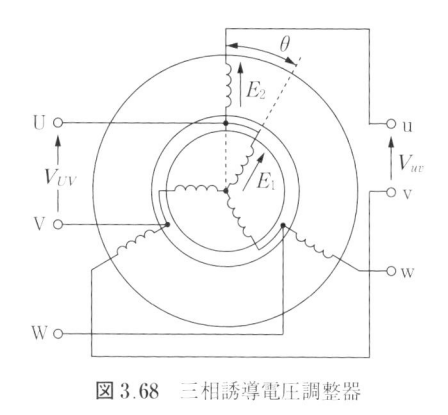

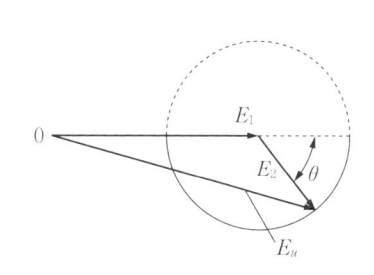

図 3.69　二次電圧の変化

荷に直列に接続し，固定子巻線を磁界の方向と反対にθだけ回して固定する。

回転磁界によって誘起する電圧 E_2 は，E_1 より位相が θ だけ遅れるので，出力側の相電圧の大きさは図 3.69 より

$$E_u = \sqrt{(E_1 + E_2 \cos\theta)^2 + (E_2 \sin\theta)^2} = E_1 \frac{\sqrt{a^2 + 1 + 2a\cos\theta}}{a} \quad (3.68)$$

となる。ここで，a は実効巻数比 $(k_{w1}w_1/k_{w2}w_2)$ である。したがって，θ を $0 \sim \pi$ まで変化させ，E_u を $(E_1 + E_2)$ から $(E_1 - E_2)$ まで連続的に調整できる。

演 習 問 題

【3.1】 50 Hz，6 極の誘導電動機が同期速度より 40 min^{-1} 遅く回転しているときのすべり周波数は何ヘルツか。　　　　　　　　　　　　　　　　　　　（電験 3 種）

【3.2】 定格出力 40 kW，定格回転速度 1 425 min^{-1}，定格周波数 50 Hz，4 極の三相誘導電動機が，250 Nm の定トルク負荷を駆動しているときの回転速度はいくらか。ただし電動機のトルクとすべりは比例するものとする。（電験 3 種）

【3.3】 三相巻線形誘導電動機に，回転速度に比例するトルクを要求する負荷を負わせるときのすべりは 1 % であった。二次抵抗を増してすべりを 2 % にするには，もとの抵抗の何倍とすべきか。ただし，電動機のトルクと速度との関係は直線で表し得るものとする。　　　　　　　　　　　　　　　　（電験 3 種）

【3.4】 定格 350 kW，8 極，60 Hz の三相巻線形誘導電動機がある。スリップリング間の抵抗は 0.5 Ω で，スリップリングを短絡し，全負荷時に測定したすべりは 1.8 % である。いま，二次各相に 1 相 1.0 Ω の抵抗（Y 接続）を挿入して運転し，入力電流が全負荷電流に等しくなったとき，電動機の回転速度 [min^{-1}] と出力 [kW] とを求めよ。　　　　　　　　　（電験 2 種）

【3.5】 単相誘導電動機の始動方式の種類を挙げ，始動トルクの大きい順に番号をつけよ。

4. 同 期 機

同期機(synchronous machine)は極数と電源の周波数によって定まる同期速度で回転する交流機である。交流発電機の代表的なものには同期発電機があり、水力発電所では水車により、火力発電所や原子力発電所では蒸気タービンにより発電機を回転させて、運動エネルギーを電気エネルギーに変換している。

同期機に交流電力を印加すると同期電動機になり、大出力電動機は誘導電動機よりも同期機が経済的であり、ポンプや送風機などに用いられる。小形の同期電動機も精密機械の定速度電動機として用いられる。さらに、界磁を調整すれば力率の制御ができるので、電力系統の同期調相機として用いられる。

4.1 同期機の原理

4.1.1 誘導起電力の発生

図 4.1(a)のように磁界中でコイルを回せば、**フレミングの右手の法則**により、コイル 1 本について次式の起電力(往復では $2e$)

$$e = Blv \tag{4.1}$$

を生じ、**スリップリング**(slip ling, **滑動環**, すべり環)とブラシを用いて、

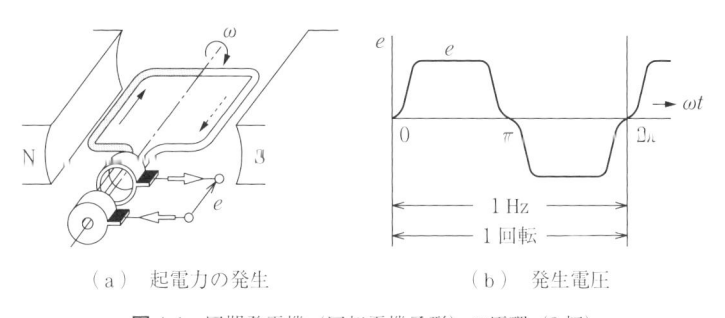

(a) 起電力の発生 (b) 発生電圧

図 4.1 同期発電機(回転電機子形)の原理(2極)

電圧を外部に取り出すことができる。

コイルに生じる起電力は半回転ごとに向きが変わるので，2極機では1回転ごとに1 Hz の交流電圧 e を得る。すなわち，周波数を f (Hz)，回転速度 (rotational speed) を n_0 (s^{-1}), N_0 (min^{-1}) とすれば，P を極数，p を極対数として，次式のようになる。

$$f = pn_0 = \frac{pN_0}{60} = \frac{PN_0}{120} \quad (\text{Hz}) \tag{4.2}$$

いいかえれば，P 極機で周波数 f の起電力を発生させるためには次式の速度で回転させる必要があり，この速度 N_0 を**同期速度** (synchronous speed) という。

$$N_0 = \frac{120f}{P} \quad (\text{min}^{-1}) \tag{4.3}$$

わが国の電力会社の商用電力の周波数は，糸魚川〜軽井沢付近〜富士川を結ぶ線を境にして，東側が 50 Hz, 西側が 60 Hz になっている。

4.1.2 電機子と界磁

磁束を発生するものを界磁，電圧を発生するコイルとそれを収める鉄心を**電機子** (armature) という。図 4.1 のようにコイルが回るものを**回転電機子形** (revolving armature type) といい，図 4.2 のように界磁が回るものを**回転界磁形** (revolving field type) という。

高圧・大容量の同期機の場合はコイルを回すのは不利なので，回転界磁形が用いられる。界磁にはブラシとスリップリングを用いて，直流電力を通電して励磁を行い電磁石を形成するが，小形の電動機では永久磁石が用いられる。比

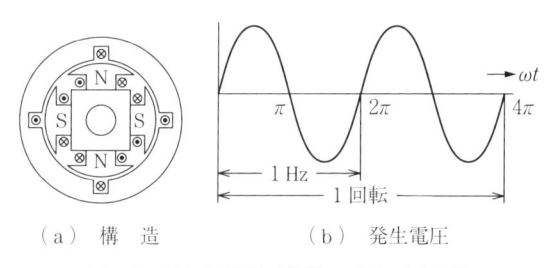

(a) 構造　　　　　(b) 発生電圧

図 4.2　回転界磁形（単相・4極・突極形）

較的小さな励磁電流とするため,界磁コイルの巻数を多くしている。

図 4.2 は単相・4 極・**突極機**（salient pole machine）の例であり,コイルを多数設ければ,発生電圧は正弦波に近くなる。

三相の場合は,**図 4.3** のように電気角で $2\pi/3$ rad（120°）間隔で三相巻線が配置されており,$2\pi/3$ 位相差の三相交流電圧を発生する。

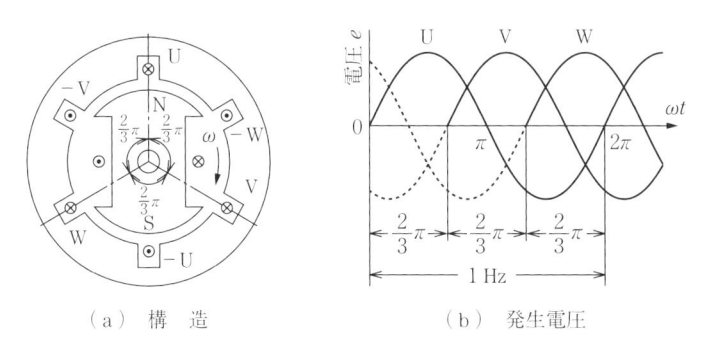

（a）構　造　　　　　　　　　（b）発生電圧

図 4.3　三相回転界磁形（三相・2 極・突極形）

4.2　種 類 と 構 造

4.2.1　水 車 発 電 機

水車発電機（water wheel generator）は,毎分数百回転以下が多く,突極回転界磁形を採用して,50 Hz または 60 Hz の電力を得ている。また,極数を多くする必要があること,および周辺速度を大きくするために外形を大きくしている。水車発電機の周速は一般に 25 m/s 以下である。そのため,高速・小容量で横軸形を使用する以外は,立軸形を使用している。

図 4.4 は水車発電機の組立であり,上部には励磁用の直流発電機がある。立軸にすると水車が発電機の下にくるので水の落差が有効に利用でき,床面積も小さくてよい,水没しにくい,などの利点がある。

磁極頭部には**図 4.5** のように溝（slot）が設けてあり,かご形誘導電動機と同様に銅バーや黄銅バーが挿入され,両端が端絡環で短絡されている。これは

94　4. 同　期　機

図 4.4　水車発電機の組立
（60 Hz・11 kV・18 極・400 min^{-1}，
日立製作所パンフレットより）

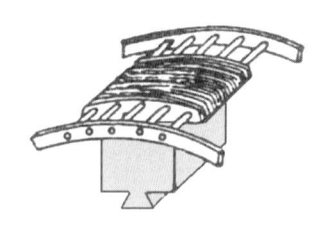

図 4.5　制動巻線（始動巻線）

運転時の乱調防止などに有効なので，**制動巻線**（damper winding）と呼ばれるが，始動にも役に立つので**始動巻線**（starting winding）とも呼ばれる。

発電用水車の種類

　発電用水車には，低落差用のカプラン（プロペラ）水車，中落差用のフランシス水車，高落差用のペルトン水車（立軸・横軸）がある。カプラン水車およびフランシス水車は水の圧力差で回転する反動水車で，ペルトン水車は水の衝撃力と羽根に掛かる圧力で回転する衝動水車である。

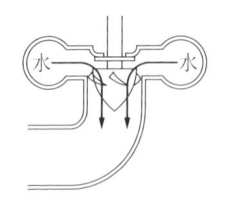

（a）カプラン水車
3 m の水の落差から使用できる低落差用の水車

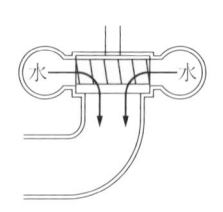

（b）フランシス水車
50〜500 m の中落差の水力発電に適した水車

（c）ペルトン水車
200〜1 800 m の高落差の水力発電に適した水車

（出典：電力館「電力ガイド」2000 年より）

4.2.2　タービン発電機

　タービン発電機（turbine generator）は，蒸気タービンまたはガスタービンで駆動される。蒸気は高温高圧なほど熱効率が高く，蒸気の速度は速いので高

速回転になり，回転子の周速は150 m/sに達する。そのため，一般に2極が用いられる。遠心力を小さくするため回転子の径を抑えて長くする。そのため**図 4.6** のような**円筒形回転子**（cylindrical rotor）を用いる。

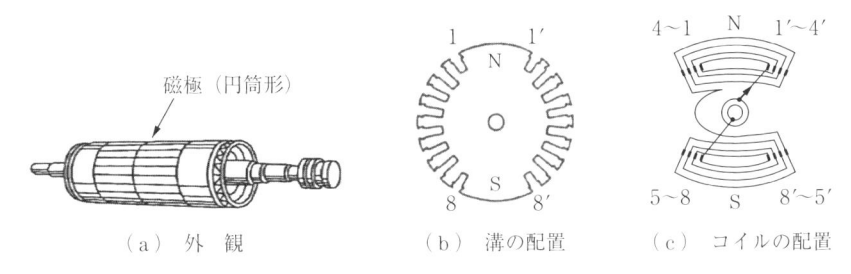

(a) 外観　　(b) 溝の配置　　(c) コイルの配置

図 4.6　円筒形回転子（2極）

形状が細長いため温度が上昇するので40 MVA程度以上の大容量機は**水素冷却**にする。水素の密度は空気の7%で，熱伝導率は7.5倍である。このため，風損が空気の1/10になり，効率が約1%，出力が約25%増加する。導体内部に水などを通す直接冷却方式も用いられる。

図 4.7 は火力発電所の蒸気タービンとタービン発電機の例である。原子力発電所では，発生した蒸気は低温・低圧・多量なので，発電機は4極が用いられる。

図 4.7　蒸気タービン（左奥）とタービン発電機（右手前）
　　　（50 Hz・125 MW，2極，3 000 m^{-1}，日本国有鉄道パンフレットより）

4.2.3 エンジン発電機

ディーゼルエンジンやガソリンエンジンなどの内燃機で駆動する発電機の総称を**エンジン発電機**（engine generator）という。短時間で始動ができ，取扱いが簡単である。エンジンは往復機関で軸トルクは周期的に脈動するため，回転子に十分な慣性モーメントを持たせる必要があり，はずみ車付き発電機が用いられる。一般に回転界磁形である。

4.2.4 励磁方式

同期機の出力は，励磁により確立され調整される。

（1） **直流励磁方式**　図4.8のように同期発電機の軸に直流発電機（**励磁機**，exciter）を直結して，発電機の界磁に直流を供給する。ブラシ，整流子，およびスリップリングを必要とする。

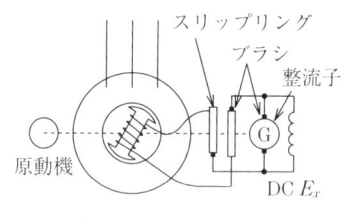

図4.8　直流励磁方式

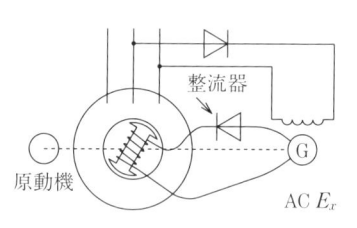

図4.9　交流励磁方式（ブラシレス）

（2） **交流励磁方式**　同期発電機の軸に交流発電機を直結して，整流器を介して直流を供給する。図4.9のように**励磁機**を回転電機子形にして主機と直結すると，ブラシレス（brushless）にできる。

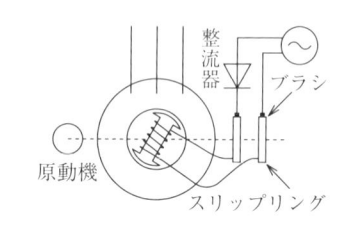

図4.10　静止励磁方式

（3） **静止励磁方式**　外部の電源から整流器，ブラシ，スリップリングを介して，図4.10のように直流を供給する方式である。サイリスタ変換装置を用いた場合はサイリスタ励磁方式という。新設される同期機では静止励磁方式およびブラシレス励磁方式が主流である。

4.3 誘導起電力と電機子反作用

4.3.1 誘導起電力

同期発電機は回転電機子形と回転界磁形があるが,回転電機子形を例に説明する。回転界磁形も誘導起電力は同様である。

図 4.11 のように,磁束密度 B (T) の磁界中を有効長 l (m) の電機子巻線が速度 v (m) で磁束を切るとき,コイル 1 本の誘導起電力は**フレミングの右手の法則**より,次式で表される。

$$e = Blv = lv \times B_m \sin \omega t = E'_m \sin \omega t \tag{4.4}$$

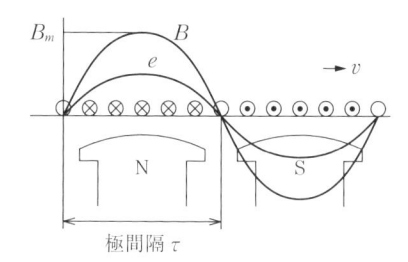

図 4.11 磁束分布と誘導起電力

電機子直径を D (m),**極間隔**を τ (m) とすると,周速 v は次式になる。

$$v = \pi D n = \tau P n = 2f\tau \quad (\text{m/s}) \tag{4.5}$$

ここで,$\tau = \pi D / P$ (m),$f = nP/2$ (Hz) であり,磁極の発生する磁束 Φ は平均磁束密度を B_a (T),最大磁束密度を B_m (T),磁極面積を S (m^2) として,次式のようになる。

$$\Phi = B_a S = \frac{2B_m}{\pi} \tau l \quad (\text{Wb}) \tag{4.6}$$

これより,1 相のコイル 1 本の出力電圧の最大値は

$$E'_m = B_m l v = \frac{\pi \Phi}{2\tau l} l \times 2\tau f = \pi f \Phi \quad (\text{V}) \tag{4.7}$$

発電機出力を正弦波とすると,1 相のコイル(往復導体)の出力電圧の実効値は

$$E = \frac{2E'_m}{\sqrt{2}} = \frac{2}{\sqrt{2}}\pi f\Phi = 4.44 f\Phi \quad \text{(V)} \tag{4.8}$$

電機子1相の直列巻数を w とすると，合成電圧は次式になる．

$$E = 4.44\, fw\Phi \quad \text{(V)} \tag{4.9}$$

実際には位相差のある出力電圧のベクトル和となり，誘導電動機と同様にして求めた巻線係数を k_w（≒0.9，3.3.1項参照）とすると，実効値出力（**誘導起電力**）は次式で表される．

$$E_0 = 4.44 k_w fw\Phi \quad \text{(V)} \tag{4.10}$$

4.3.2 電機子反作用

三相同期発電機の場合，電機子コイルは電気的に $2\pi/3$ ずつ位相をずらして配置されている．界磁が回転すると界磁起磁力 F_f により，電機子巻線に磁極中心上に最大値を持つ正弦波状の誘導起電力 E_0 が発生し，電機子巻線に電流が流れる．この電流が磁束を生じて界磁束に変化を及ぼし，電機子巻線の誘導起電力を変化させる．このような現象を**電機子反作用**（armature reaction）という．

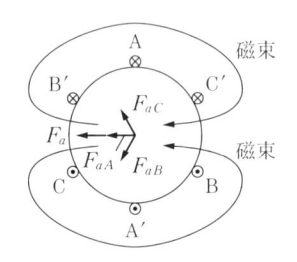

図4.12 三相交流電流による起磁力

図4.12は三相各相のコイル電流による起磁力 F_{aA}, F_{aB}, F_{aC} と合成起磁力 F_a で

$$F_a = 1.5 F_{aA} \tag{4.11}$$

の関係がある．F_a は電機子反作用起磁力である．

（1）**電機子電流が無負荷誘導起電力と同相（抵抗負荷）**　電機子電流 I_a が無負荷誘導起電力 E_0 と同相の場合は，**図4.13**に示す回路と起磁力の分布になる．誘導起電力 E_0 が最大になる電機子導体は磁極中心線上であり，電流 I_a も最大である．このため，電機子電流による合成起磁力 F_a はNS極の中間で最大となり，界磁起磁力 F_f と直交する．これを**交差磁化作用**（cross magnetizing effect）という．

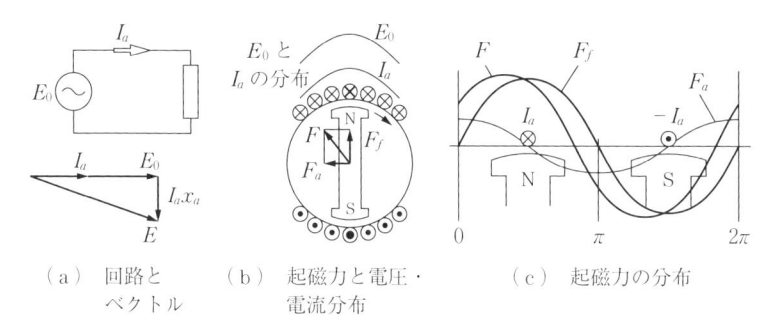

(a) 回路と
ベクトル
(b) 起磁力と電圧・
電流分布
(c) 起磁力の分布

図 4.13 抵抗負荷（誘導起電力と電機子電流が同相）の起磁力と電圧・電流

界磁起磁力 F_f と電機子反作用起磁力 F_a の合成起磁力 F は，F_f より遅れ，したがって内部起電力 E は E_0 より $I_a x_a$ だけ遅れる。この x_a のことを電機子反作用リアクタンスという。磁束分布は磁極の前半で減少し，後半で増加するが，磁気飽和のため増加分が減少分より少ないから，1極の磁束数は多少減少する。

（2）電機子電流が無負荷誘導起電力より $\pi/2$ 遅れ（リアクタンス負荷）

この場合は**図 4.14** のように，磁極に対して電気角で回転方向に $\pi/2$ 遅れた位置で電流 I_a が最大になる。主磁界の起磁力 F_f に対して，電機子電流起磁力 F_a は逆方向となり，合成起磁力 F は F_f より小さくなる。これを**減磁作用**（demagnetizing effect）という。内部起電力 E は E_0 よりも減少する。

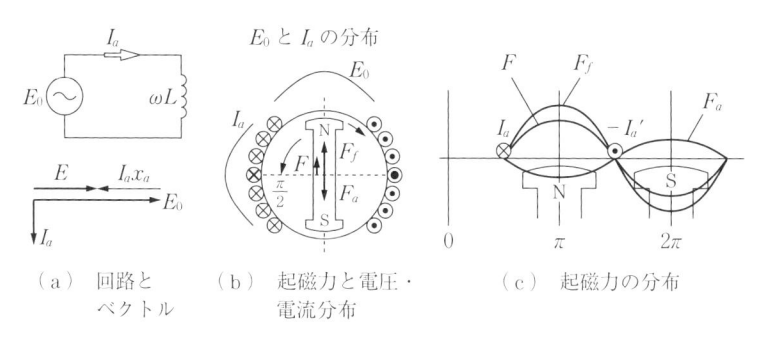

(a) 回路と
ベクトル
(b) 起磁力と電圧・
電流分布
(c) 起磁力の分布

図 4.14 リアクタンス負荷（電流が $\pi/2$ 遅れ）の起磁力と電圧・電流

(3) **電機子電流が無負荷誘導起電力より $\pi/2$ 進み（コンデンサ負荷）**
この場合は図 4.15 のように，磁極に対して電気角で回転方向に $\pi/2$ 進んだ位置で電流 I_a が最大になる。主磁界の起磁力 F_f に対して，電機子電流起磁力 F_a は同方向となり，合成起磁力 F は F_f より大きくなる。これを**増磁作用**（magnetizing effect）という。内部起電力 E は E_0 より増える。

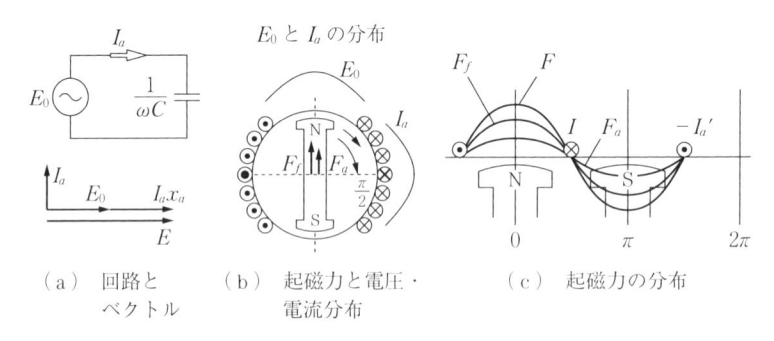

(a) 回路とベクトル　　(b) 起磁力と電圧・電流分布　　(c) 起磁力の分布

図 4.15 コンデンサ負荷（電流が $\pi/2$ 進み）の起磁力と電圧・電流

(4) **電機子電流が無負荷誘導起電力より φ だけ遅れ（抵抗＋リアクトル負荷）**
実際の負荷は，抵抗とリアクトルが直列になった遅れ負荷が多い。この場合は，図 4.14 において，電機子コイル内の電流分布 I_a は誘導起電力 E_0 より φ だけ遅れており，E_0 と同相成分 $I_a \cos\varphi$ は交差磁化作用，$\pi/2$ 遅れ成分 $I_a \sin\varphi$ は減磁作用になる。

4.4　同期発電機の等価回路

4.4.1　電機子漏れリアクタンス

電機子電流によって生じる磁束のうち，界磁磁束に影響を与えない成分でギャップは通るが界磁極には流入せず，電機子コイルとのみ鎖交する成分を電機子漏れ磁束という。電機子漏れ磁束は**図 4.16** のように生じ，コイル端漏れ磁束 ϕ_c，歯端漏れ磁束 ϕ_t，スロット漏れ磁束 ϕ_s がある。

これらの磁束は電機子巻線内に**漏れリアクタンス**（leakage reactance）x_l として電圧降下を発生する。

4.4 同期発電機の等価回路

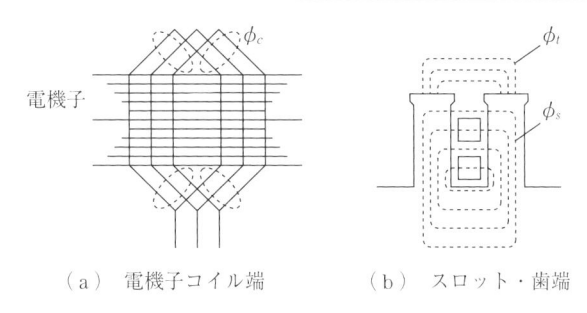

(a) 電機子コイル端　　(b) スロット・歯端

図 4.16　電機子漏れ磁束

4.4.2 非突極形同期発電機の等価回路

(1) 等価回路とベクトル図　円筒形界磁を持つ**非突極機**（non-salient pole machine）の三相同期発電機について，Y結線として中性点を考えて1相についての等価回路を**図 4.17**に示す。

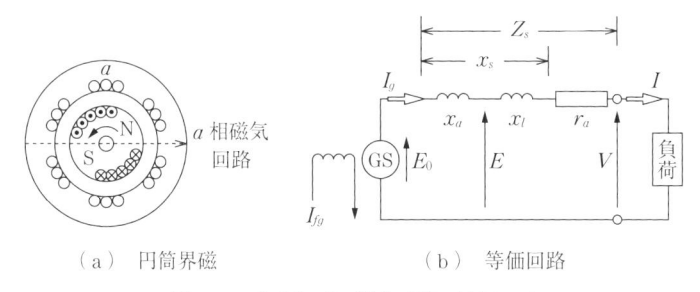

(a) 円筒界磁　　(b) 等価回路

図 4.17　非突極形同期発電機の等価回路

ここで，次のように定義する。

$$\text{同期リアクタンス}：x_s = x_a + x_l \tag{4.12}$$

　　x_a：電機子反作用リアクタンス，x_l：コイルの漏れリアクタンス

$$\text{同期インピーダンス}：Z_s = r_a + jx_s = r_a + j(x_a + x_l) \tag{4.13}$$

　　r_a：電機子抵抗

E_0 は内部誘起電圧（無負荷誘導起電力）であり，負荷時に実際に電機子巻線に発生する起電力は**電機子反作用リアクタンス**（armature reaction reactance）を考慮した E で，これを内部電圧という。V は端子電圧であり次式になる。

$$V = E_0 - IZ_s \tag{4.14}$$

なお，端子電圧 V は線間電圧 V_L の $1/\sqrt{3}$ である。

内部誘起電圧 E_0 と端子電圧 V の位相差 δ を**内部相差角**（internal phase angle），または**負荷角**（power angle）という。

以上の関係に基づき，負荷の力率を $\cos\varphi$ として**図4.18**に1相のベクトル図を示す。

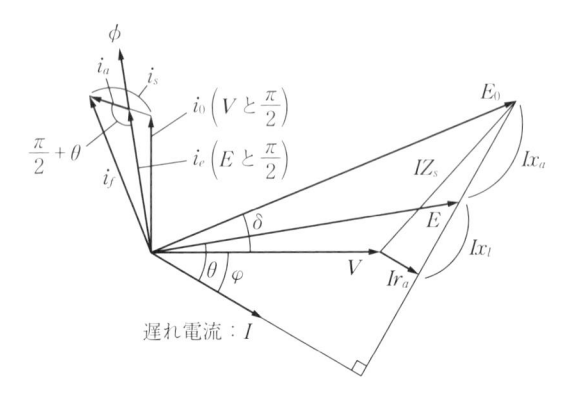

図4.18 非突極形同期発電機のベクトル図（遅れ力率 $\cos\varphi$）

界磁電流については，E を誘起する界磁電流 i_e に電機子反作用を打ち消す界磁電流 i_a を I と逆向きに加えたものが全負荷界磁電流 i_f となる。

（2） 同期発電機の出力　同期発電機の1相当りの出力は，一般に抵抗はリアクタンスに比べて非常に小さいから無視すると，次式で表される。すなわち，発電機内部での電気的な損失はないといえる。

$$P = VI \cos\varphi \tag{4.15}$$

図4.18のベクトル図において抵抗 r を無視すると $Z_s = x_s$ になり，**図4.19**のベクトル図が求められる。

図4.19において

$$\overline{\text{cb}} = Ix_s \cos\varphi = E_0 \sin\delta \tag{4.16}$$

になるから

$$P_{out} = VI \cos\varphi = \frac{VE_0 \sin\delta}{x_S} \quad \text{(W)} \tag{4.17}$$

4.4 同期発電機の等価回路   103

図 4.19 抵抗を無視したベクトル   **図 4.20** 負荷角と出力特性

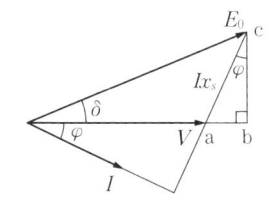

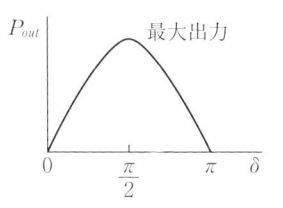

になり，**図 4.20** に示すように負荷角 $\delta = \pi/2$ のとき出力は最大になる。すなわち，負荷電流が大きく，力率が高いときに出力は大きくなる。

4.4.3 突極発電機のベクトル図と二反作用理論

突極発電機について**図 4.21** に示すように，電機子電流 I を内部誘起電圧 E_d と同相分 I_q と，$\pi/2$ の位相差を有する I_d に分けられる。I_d による電機子反作用起磁力 F_d は**図 4.22**（a）のように磁軸（直軸）方向に働く。それによる磁束分布は図（a）の網かけ部分のようになり，その基本波 ϕ_d によって電機子巻線に誘起される逆起電力 E_{ad} は $\overline{\mathrm{eg}}$ であり，次のようになる。

$$E_{ad} = I_d x_{ad} \tag{4.18}$$

ここに，x_{ad} を直軸電機子反作用リアクタンスという。

次に I_q による電機子反作用起磁力 F_q は，図（b）に示すように磁軸の中間（横軸）に働く。それによる磁束分布は図（b）の網かけ部分のようになり，その基本波 Φ_q によって電機子巻線に誘起される逆起電力 E_{aq} は $\overline{\mathrm{gh}}$ であり，次

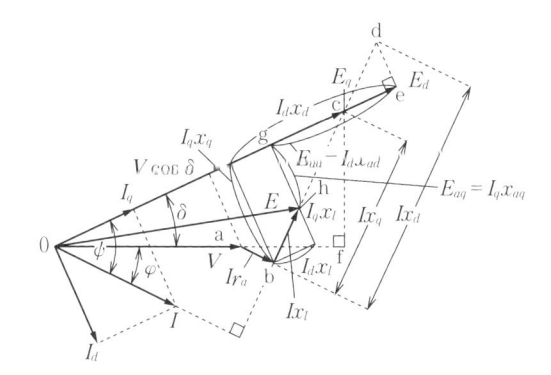

図 4.21 突極機のベクトル図

104   4. 同　　期　　機

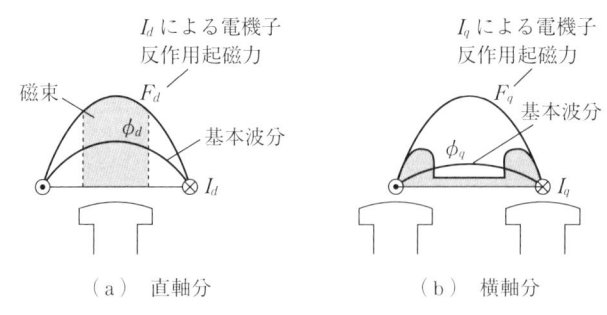

図 4.22 電機子起磁力の分解

(a) 直軸分　　(b) 横軸分

のようになる。

$$E_{aq} = I_q x_{aq} \tag{4.19}$$

ここに，x_{aq} を横軸電機子反作用リアクタンスという。このように電機子反作用を直軸分と横軸分に分けて扱う方法を**二反作用理論**（two reaction theory）といい，ブロンデル（Blondel）が提唱した。

さらに次のように置く

$$\left.\begin{array}{ll} \text{直軸同期リアクタンス} & x_d = x_l + x_{ad} \\ \text{横軸同期リアクタンス} & x_q = x_l + x_{aq} \end{array}\right\} \tag{4.20}$$

これを用いて，E_d は $\overline{0e}$，E_q は $\overline{0c}$ であり，次式のように表される。

$$\left.\begin{array}{l} E_d = V + Ir_a + j(I_q x_q + I_d x_d) \\ E_q = V + Ir_a + jIx_q \end{array}\right\} \tag{4.21}$$

すなわち，内部電圧 $\dot{E}$ に，電機子磁束による起電力 $-\dot{E}_{ad}$ および $-\dot{E}_{aq}$ を加えたものが無負荷誘起電圧 E_d になる。E_q を内部横軸リアクタンス電圧といい，図 4.18 の E_0 に相当する。

ここで，抵抗 r を無視すれば次のようになる。

$$\left.\begin{array}{l} \tan\delta = \dfrac{\overline{cf}}{\overline{0f}} = \dfrac{Ix_q \cos\varphi}{V + Ix_q \sin\varphi} \\ E_d = V\cos\delta + Ix_d \sin(\varphi + \delta) \end{array}\right\} \tag{4.22}$$

非突極機では $x_d \fallingdotseq x_q\,(\fallingdotseq x_S)$，突極機では $x_q \fallingdotseq 0.65 x_d$ 程度である。

4.5 同期発電機の特性

4.5.1 無負荷飽和曲線と短絡曲線

（1）**無負荷飽和曲線**　図 4.23 に示すように，三相同期発電機を原動機で無負荷定格速度で回し，界磁電流を 0 から上げながら端子電圧を測れば図 4.24 の曲線 $\overparen{\mathrm{ON}}$ のようになる。これを**無負荷飽和曲線**（no-load saturation curve）という。次に，界磁電流を減らして 0 にしても電圧は 0 に戻らない。この電圧を**残留電圧**（residual voltage）という。

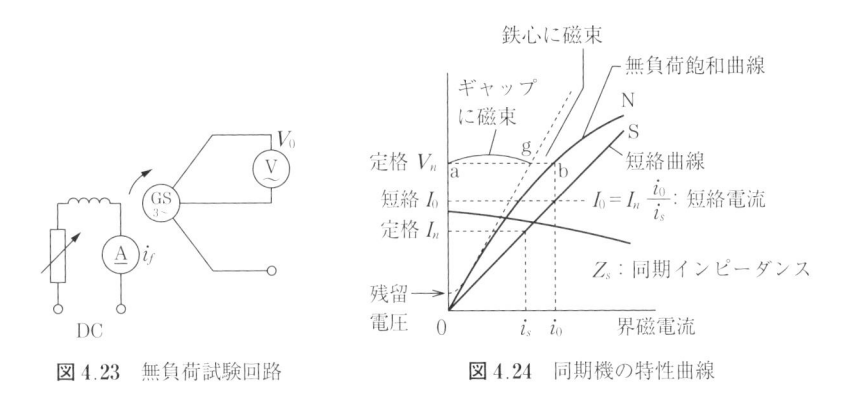

図 4.23　無負荷試験回路

図 4.24　同期機の特性曲線

図 4.24 において原点から曲線 $\overparen{\mathrm{ON}}$ に接線 $\overline{\mathrm{0g}}$ を引くと，ある電圧 $\overline{\mathrm{0a}}$ を誘起する。界磁電流 $\overline{\mathrm{ab}}$ のうち，$\overline{\mathrm{ag}}$ はギャップに，$\overline{\mathrm{gb}}$ は鉄心に磁束を通すのに必要な界磁電流で

$$\sigma = \frac{\overline{\mathrm{gb}}}{\overline{\mathrm{ag}}} \tag{4.23}$$

を飽和係数という。$\overline{\mathrm{0a}}$ が定格電圧（相電圧，線間電圧$/\sqrt{3}$）V_n のとき，$\sigma \fallingdotseq 0.1$ である。すなわち，界磁電流が大きくなると鉄心部で磁気飽和現象が発生する。

（2）**短絡曲線**　図 4.25 に示すように，三相同期発電機の電機子巻線全相を短絡して原動機で定格速度で回し，界磁電流を上げながら短絡電流を測れば図 4.24 の曲線 $\overline{\mathrm{0S}}$ を得る。これを**短絡曲線**（short circuit curve）という。

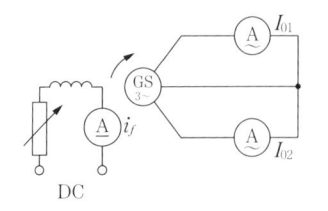

図 4.25 短絡試験回路

この短絡電流を永久短絡電流といい，端子を突然短絡した場合の突発短絡電流と区別する。

4.5.2 同期インピーダンスと短絡比

1相の**同期インピーダンス**（synchronous impedance）Z_S は，V_n を相電圧とすると，次のように表される。

$$Z_S = \frac{V_n}{I_0} \quad (\Omega) \tag{4.24}$$

電機子巻線抵抗 r_a はブリッジなどで計測すると，同期リアクタンスは

$$x_s = \sqrt{Z_S^2 - r_a^2} \quad (\Omega) \tag{4.25}$$

となる。図 4.24 で定格電圧（相電圧）V_n を誘起する界磁電流 $i_f = i_0$ と，短絡曲線において，定格電流 I_n に対する $i_f = i_S$ との比を**短絡比**（short circuit ratio : scr）という。

$$\frac{i_0}{i_S} = scr \quad (\text{p.u.}) \tag{4.26}$$

図 4.24 から明らかなように，界磁電流 i_0 に対する短絡電流を I_0 とすると，次のようになる。

$$I_0 = I_n \frac{i_0}{i_S} = I_n \times scr \tag{4.27}$$

$$Z_S(\text{p.u.}) = \frac{Z_S(\Omega) I_n}{V_n} = \frac{V_n}{I_0} \times \frac{I_n}{V_n} = \frac{1}{scr} \tag{4.28}$$

すなわち，同期インピーダンス Z_S（p.u.）は短絡比（scr）の逆数に等しい。

短絡比と同期機の性能の関係は**表 4.1** に示すようであり，短絡比が大きいと安定度がよく充電容量が増加する。水車発電機では短絡比は 0.8～1.2，タービン発電機では機械の大きさを左右する界磁アンペアターンを少なくするため，短絡比を 0.5～0.8 くらいにする。

電機子導体に流れる電流 $a = I$ (A) と，電機子円周上 1 m 当りの導体の数 c

4.5 同期発電機の特性

表 4.1 短絡比と同期機の性能

短絡比	大（水車発電機）	小（タービン発電機）
短絡時の故障電流	大	小
同期インピーダンス	小	大
電機子反作用	小	大
電圧変動率	小	大
銅損	小	大
構造	ギャップ大・鉄機械・大形	ギャップ小・銅機械・小形

の積 ac（A/m）を**比電気装荷**（electric loading）または電気比装荷という。ギャップ（空隙）における平均磁束密度 B_g を**比磁気装荷**（specific magnetic loading）または磁気比装荷という。ac の大きい機械は銅の量が多いので**銅機械**（copper machine），B_g の大きい機械は鉄の量が大きいので**鉄機械**（iron machine）という。短絡比が大きい機械は電機子巻線数が少なく，界磁起磁力を大きくして磁束を増やして磁気装荷が大きくなるよう設計されている。短絡比の小さい機械はギャップが狭いので界磁起磁力は小さいが，アンペア導体数を大きくした電気装荷の大きい**銅機械**（copper machine）の傾向にある。鉄機械は質量も大きく高価であるが，電圧変動率は小さく過負荷耐量も大きい。

4.5.3 外部特性曲線

発電機を力率と界磁電流一定で負荷電流を変えた場合の端子電圧－負荷電流曲線を**外部特性曲線**（external characteristic curve）という。図 4.26 に各力率における外部特性曲線を示す。

図 4.27 のベクトル図において V_0 を無負荷電圧，V_n を定格電圧，I_n を定格電流とし，$I_n r_a \ll I_n x_S$ とおいて，負荷電力の力率の影響を無視し，$I_n r_a$ を V_n と同じ線上におくし，同期リアクタンス降下は $\overline{ac}$ となり，力率が 1 のときリアクタンス降下は $\overline{ad}$，力率が 0 のときリアクタンス降下は $\overline{ab}$ となるので，V_0 の大きさは余弦定理により，次式になる。

$$V_0 = \sqrt{(V_n + I_n r_a)^2 - 2(V_n + I_n r_a)I_n x_S \cos(\varphi + \pi/2) + I_n^2 x_S^2} \qquad (4.29)$$

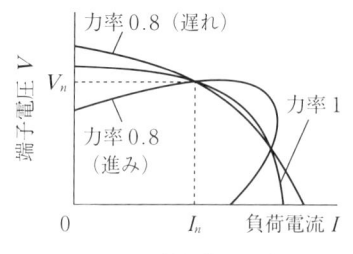

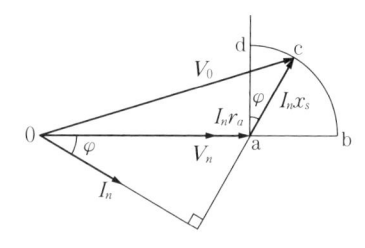

図 4.26　外部特性曲線　　　図 4.27　電圧変動率を求めるベクトル図

　無負荷電圧 V_0 と定格電圧 V_n との電圧変動の割合が**電圧変動率**（voltage regulation）で，次式で求められる。なお，この方式は力率が低いときにやや誤差を生じる。

$$\varepsilon = \frac{V_0 - V_n}{V_n} \times 100 \quad (\%) \tag{4.30}$$

　負荷増加に対する端子電圧は，遅れ力率のとき降下し，進み力率のとき上昇する。また，定格電流で運転中の界磁電流は力率が遅れるほど大きくなり，電圧変動率も力率が遅れるほど大きくなる。

4.5.4　自己励磁現象

　同期発電機に進み負荷としてコンデンサを接続すると，電機子反作用で磁化作用が起こり，端子電圧が高くなる。そのため，さらに進み電流が増えてこれを繰り返すことで端子電圧が高くなる。この現象を発電機の**自己励磁現象**（self-excitation）という。

　送電線は漂遊静電容量が存在するため，**図 4.28** において，発電機が無励磁の状態でも残留磁気によって電圧 $\overline{OO'}$ が発生し，充電電流 I_c が流れて電機子反作用により電機子電圧が徐々に高くなり，点 A まで上昇する。

　このため，過電圧に注意が必要であり，対策として以下のものがある。

① 2台の発電機を並行運転して，1台当りの充電特性曲線の傾斜を増やす
② 受電端にリアクタンス線輪を挿入して遅れ電流を増やす
③ あらかじめ発電機の残留磁気をない状態にしておく

4.6 発電機の並行運転

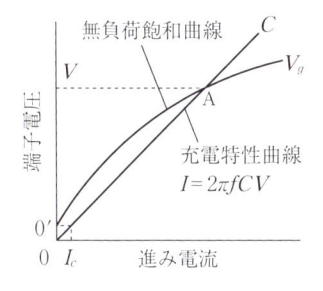

図 4.28 発電機の無負荷飽和曲線と線路の充電特性

4.6 発電機の並行運転

4.6.1 並行運転に必要な条件

同期発電機は複数で負荷を分担することが多くあり，これを**並行運転**（parallel operation）という。並行運転に必要な条件は以下のようである。

① 起電力の大きさが等しいこと

② 起電力の周波数が等しいこと

③ 起電力が同位相であること

④ 各原動機の速度特性が下降曲線で，容量に応じて負荷を分担するには，百分率速度特性曲線が同形であること

（1）**同　期　化**　図 4.29 において発電機 GS_1 が負荷を負って運転しているとき，これに GS_2 を接続するには，まず GS_2 の電圧の大きさと周波数を母線（GS_1 と同じ）に合わせる。次に GS_2 の原動機の速度を加減して**同期検定装置**で両電圧の位相を一致させて遮断器 S_2 を閉じる（**図 4.30**）。これを**同期化**（synchronize）するという。

図 4.31 は**同期検定器**（synchroscope）の原理である。F は固定コイルで，可動コイルである M_1，M_2 コイルは互いに直角に取り付けられており，M_1 コイルには抵抗 R が，M_2 コイルにはインダクタンス L が直列に接続されている。固定コイル F による交番磁界と 2 個の可動コイル M が作る回転磁界との作用により動作する回転界磁可動鉄片形である。二つの回路の周波数差が 2 〜 3 Hz

110   4. 同　　期　　機

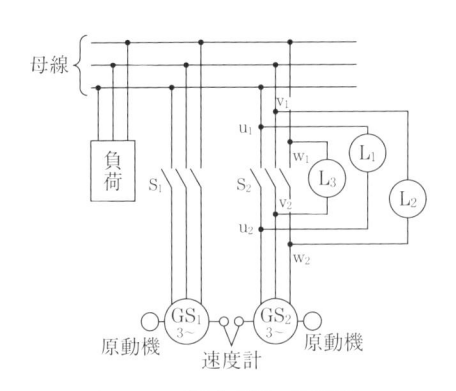

図4.29　同期発電機の並行運転

図4.30　同期検定装置
上部：同期検定器
下部：同期検定灯

以内で動作を開始し，指針が直立して静止したときが同期になった状態である。

図4.32は同期検定灯（synchronizing lamp）の原理である。GS_2の周波数が母線より遅いか速いかによってベクトルu_2, v_2, w_2がu_1, v_1, w_1に対して回る方向が変わるので，L_1, L_2, L_3が明るくなる順序が変わり，電圧の大きさが等しく，位相が合えばL_1は消え，L_2, L_3は同じ明るさになる。

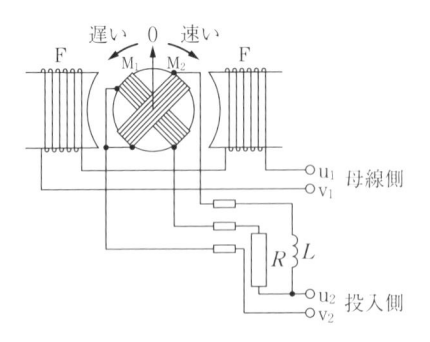

図4.31　同期検定器の原理　　　　図4.32　同期検定灯の原理

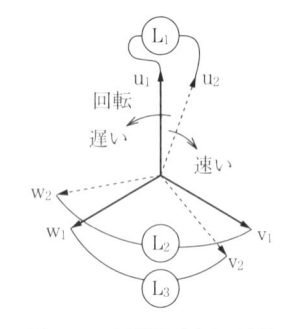

（2）　**原動機の速度特性と負荷分担**　　図4.33は原動機の速度特性である。GS_1およびGS_2の原動機が，曲線A_1およびA_2の特性である場合は，速度Nのとき出力P_1, P_2で運転する。速度N'になると出力P_1', P_2'で運転する。このとき$P_1 < P_2$とすると，$P_1' < P_2'$である。

GS_1, GS_2の原動機がそれぞれ曲線A_1', A_2の特性である場合は速度Nのとき，

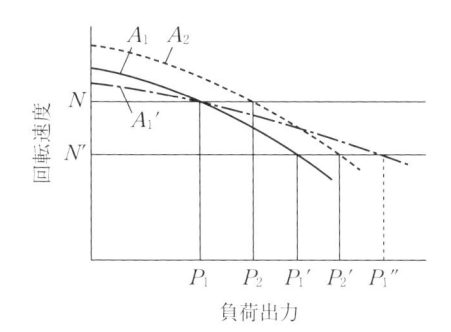

図 4.33 原動機の速度特性

出力 P_1, P_2 で運転するが，速度 N' になると出力 P_1'', P_2' で運転し，$P_1'' > P_2'$ となる。これでは速度により GS_1, GS_2 の負荷分担が逆になり不都合である。すなわち，並行運転のためには A_1 と A_2 のように，特性曲線が並行している必要があり，A_1', A_2 のように交差する場合は不適当である。

4.6.2 並行運転条件を満足しないとき

（1）起電力の大きさが等しくないとき 図 4.34 に示すように，起電力の大きさが等しくなく同位相の場合は，両発電機間に**横流**（cross current）が生じる。

両発電機の電圧差を
$$E' = E_{g1} - E_{g2}$$
とすると，横流は次式で表される。

$$I_c = \frac{E'}{2Z_s} \tag{4.31}$$

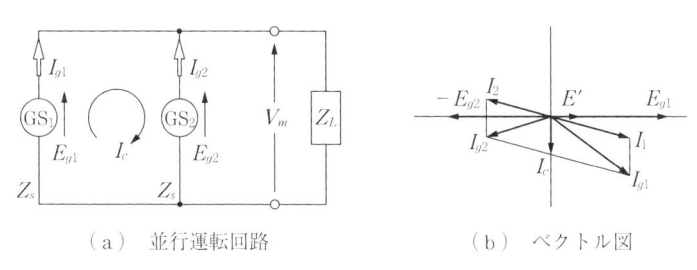

（a）並行運転回路　　　（b）ベクトル図

図 4.34 起電力の大きさが等しくないとき（$E_{g1} > E_{g2}$）

$Z_s \fallingdotseq x_s$ なので，I_c は E' より $\pi/2$ 遅れ電流になり，両発電機間を無効電流が循環して両発電機の力率を変えるだけで有効電力の分担にはならない。横流が流れるため電機子の銅損が増加する。

（2）**起電力の位相が等しくないとき**　2台の発電機の起電力の大きさが等しく，GS_1 の速度が少し上昇し，E_{g1} が θ だけ進むと，発電機の電位差は図 4.35 のベクトル図で表される。

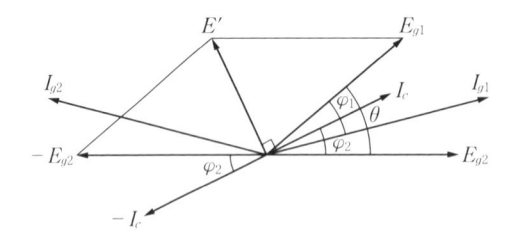

図 4.35 起電力の位相が等しくないとき

このとき，発電機の電位差は

$$E' = E_{g1} - E_{g2}$$

となり，この電圧 E' に見合ったほぼ $\pi/2$ 遅れの循環電流 I_c が，$GS_1 \sim GS_2$ 間に流れる。

$$I_c = \frac{E'}{2Z_s} \tag{4.32}$$

GS_1 は負荷電流 I_{g1} と I_c のベクトル和の電流が流れ，負荷の増加のため原動機の回転速度が減少する。一方，GS_2 は負荷電流 I_{g2} と I_c はほぼ逆位相になり，負荷の減少のため回転速度は上昇する。この結果，E_{g1} と E_{g2} は自動的に同一位相に調整される。この力を同期化力といい，I_c は有効電流で**同期化電流**（synchronizing current）という。

（3）**周波数が等しくないとき**　位相が等しくないときと同様に，同期化電流が流れる。

（4）**波形が異なるとき**　各瞬時で GS_1 と GS_2 の電位差を生じ，無効循環電流が $GS_1 \sim GS_2$ 間を流れる。高調波成分となるため電機子巻線で発熱が起きる。

4.7 同期電動機

4.7.1 同期電動機の原理と等価回路

（1）原理 同期電動機（synchronous motor）は同期発電機と同一構造である。図 4.36 に 200 V 級の同期電動機（発電機）の例を示す。右側がスリップリングである。

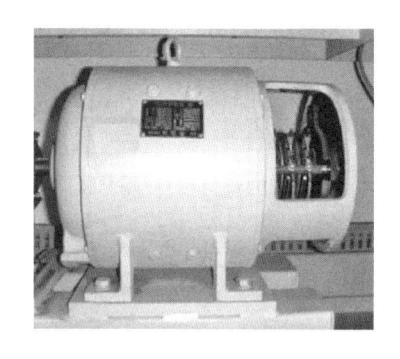

図 4.36 三相同期電動機（同期発電機）
（50 Hz・2 kVA・200 V・1 500 min^{-1}・力率 80 %）

固定子の三相巻線に三相交流を供給すると回転磁界が発生し，回転子の磁極との間に吸引力が働き，回転子もこれに追随して回転トルクを発生する。

すなわち，回転子が同期速度で回るときのみ回転トルクが発生する。始動トルクは有しないため，何らかの方法で磁極を回転させる必要がある。同期電動機は発電機と同様に電機子反作用を生じ，有効電流は交差磁化作用，無効電流は，遅れ電流が増磁作用，進み電流が減磁作用となる。

（2）ベクトル図と等価回路 電機子に外部から電圧 V' を加え，無負荷誘導起電力 E_0' と電流 I の位相差を ψ'，端子電圧 V' と I との位相差 φ' がともに $\pi/2$ より大きい場合，図 4.37 のベクトル図の実線のようになって，電気的出力 P，および機械的入力 P_o は，m を相数として次式で表される。

$$\left. \begin{array}{l} P = mV'I\cos\varphi' \\ P_o = mE_0'I\cos\psi' \end{array} \right\} \quad (4.33)$$

ただし，E_0' は電動機の誘起起電力に打ち勝つための供給電圧であり，次式

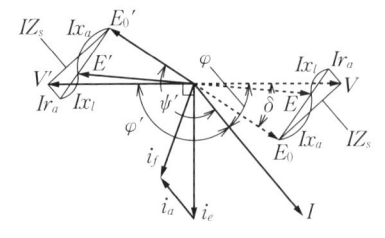

図4.37 同期電動機のベクトル図 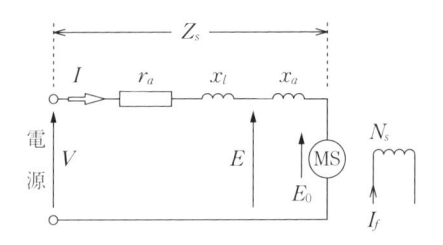　　図4.38 同期電動機の等価回路

で表される。

$$E_0' = V + Ir_a + jI(x_l + x_a) = V + IZ_S \qquad (4.34)$$

ここで、P および P_o はともに負となる。すなわち、P は電気的入力（$-P$）、P_o は機械的出力（$-P_0$）となって電動機となる。

電圧ベクトルの位相を π だけ反転して図示すると、図4.37の点線のようになる。すなわち、図4.17（b）の発電機の等価回路において、電圧 V を外部から加える電圧とし、電流方向を逆にすると、**図4.38**に示す同期電動機の等価回路になり、電動機の誘起起電力は次式になる。

$$E_0 = V - Ir_a - jI(x_l + x_a) = V - IZ_S \qquad (4.35)$$

電動機の力率は電源から見た力率 $\cos\varphi$（φ は V と I の位相差）をいう。図4.37は遅れ力率の場合で $V > E > E_0$ となって、電機子反作用は増磁作用である。

4.7.2　V　曲　線

同期機で横軸に無負荷誘導起電力 E_0 を、縦軸に電機子電流 I をとり、出力をパラメータとすると E_0-I 曲線がV字形になる。I が最小のとき力率は1で、電動機は左部分は遅れ力率（発電機は進み）、右部分は進み力率（発電機は遅れ）である。

次に同期電動機で横軸に界磁電流 I_f を、縦軸に電機子電流 I をとり、出力をパラメータとすると、図4.39のようにV字形になる。これを同期電動機の**V曲線**（V curve）という。電機子電流の最小値に相当する界磁電流より小さいときは、電機子電流は遅れ電流となり、大きいときは電機子電流は進み電流となる。

同期機を無負荷で線路に接続し界磁電流を増加させるとコンデンサとして働

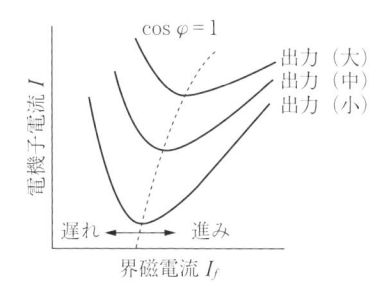

図 4.39 同期電動機の V 曲線

き，線路から進み電流をとって線路電圧を上昇させる．界磁電流を減少させるとリアクトルとして働き，線路から遅れ電流をとって線路電圧を下降させる．このように，送電線の力率改善と電圧調整を行うものを，**同期調相機**（synchronous condenser）という．有効分 $P = 0$，負荷角 $\delta = 0$ である．

4.7.3 同期電動機の出力特性

（１）**出　力　特　性**　突極機のベクトル図で電機子抵抗 r を無視すれば，**図 4.40** のベクトル図が求められる．

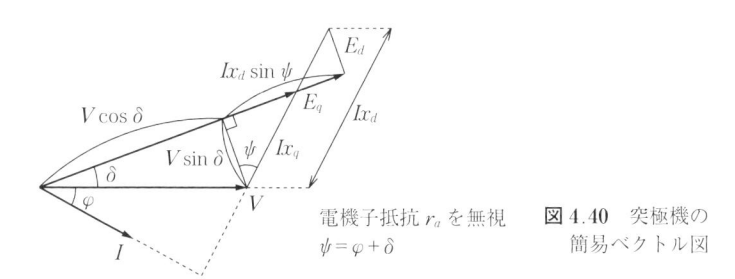

図 4.40 突極機の簡易ベクトル図
電機子抵抗 r_a を無視
$\psi = \varphi + \delta$

これより，三相同期電動機の電力 P（電動機では入力，発電機では出力）は次式になる．

$$P = 3VI\cos\varphi = 3VI\cos(\psi - \delta) = 3VI(\cos\psi\cos\delta + \sin\psi\sin\delta) \quad (4.36)$$

$$V\cos\delta = E_d - Ix_d\sin\psi \quad (4.37)$$

$$V\sin\delta = Ix_q\cos\psi \quad (4.38)$$

式 (4.37) と式 (4.38) より $I\sin\psi$ と $I\cos\psi$ を求め，式 (4.36) に代入して次式を得る．

$$P = 3V\left[\frac{V}{x_q}\sin\delta\cos\delta + \frac{E_d - V\cos\delta}{x_d}\sin\delta\right]$$

$$= \frac{3VE_d}{x_d}\sin\delta + \frac{3V^2}{2}\left[\frac{1}{x_q} - \frac{1}{x_d}\right]\sin 2\delta = A + B \quad (\text{W}) \tag{4.39}$$

式 (4.39) で，P は同期ワットで表したトルク T に等しい。

非突極機では $x_d \fallingdotseq x_q$ であるから，第1項（A）のみとなる。突極機の場合は第1項と第2項の和となる。突極機で無励磁の場合は $E_d = 0$ であるから，第2項（B）のみとなる。これを反作用トルクといい，界磁巻線のない突極を持つ電動機を**反作用電動機**または**リラクタンスモータ**（reluctance motor）という。回転子は強磁性の鉄心のみで構成され，永久磁石を使用しない無整流子電動機の一種である。構造は簡単であるが大きさの割にトルクは小さく，力率は低い。単相機は電気時計のような小形の電動機に用いられる。

式 (4.39) における負荷角（内部相差角）δ と P または T の関係を**図 4.41** の出力相差角曲線（power angle curve）に示す。P の最大値を定態安定極限出力という。P (p.u.) は定格 kVA，力率が1.0の出力を基準とする。

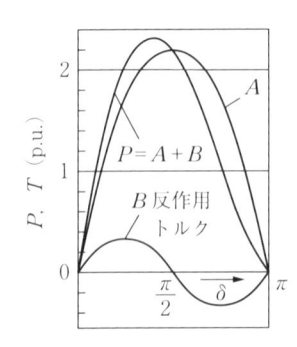

図 4.41 同期機の出力－内部相差角特性（出力相差角曲線）

（2） 安定運転範囲　　負荷角 $\delta = 0$ から定態安定極限出力の角度までが，安定運転範囲となる。負荷の増加に対して負荷角 δ が変化し，例えば，非突極機では，$0 < \delta < \pi/2$ の範囲で負荷が増加し，安定に運転される。

すなわち，回転子に負荷がかかると負荷角 δ を増加し，磁界の速度で回転しようとするが，$\delta > \pi/2$ になると回転子が同期速度を保てなくなり，停止してしまう。これを脱調という。その限界のトルクを脱出トルクという。

同期機が容量の大きい電源に接続されている場合，電力と動力との間の1相の転換電力 P は，例えば非突極機では式 (4.17) から

$$P = \frac{VE_0}{x_S}\sin\delta \quad (\mathrm{W}) \tag{4.40}$$

負荷角の変化に対して生じる電力の変化は

$$P_S = \frac{dP}{d\hat{\delta}} = \frac{VE_0}{x_S}\cos\delta \quad (\mathrm{W/rad}) \tag{4.41}$$

となり，これを**同期化力**（synchronizing power）といい，$\delta=0$ のとき最大である。負荷角と転換電力および同期化力の関係を**図 4.42** に示す。通常は，δ は $\pi/9 \sim \pi/6$（$20°\sim30°$）で運転される。

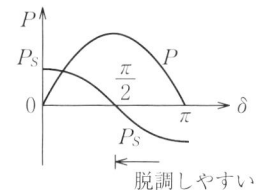

図 4.42 負荷角と同期化力

（3）**乱　　調**　同期電動機で負荷が急変し負荷角 δ が δ' に移行すると，負荷の慣性が大きい場合は行き過ぎて δ' を中心に振動しながら減衰する。
　負荷角の振動は入力電流や力率角にも影響し，負荷角が非常に激しく振動することがある。これを**乱調**（hunting）という。乱調が激しく同期運転の領域を逸脱すると，**同期外れ**（step out，**脱調**）して電動機は停止する。乱調防止を目的として，界磁磁極に誘導電動機の二次側（回転子）と同様に「かご形」状とした**制動巻線**を設ける。

4.8　同期電動機の始動

　同期電動機は始動トルクを持たないため，始動時に回転子を外部から回す必要がある。実際には次のような方法が行われる。

4.8.1 自　己　始　動

自己始動（直入れ）は小形の同期電動機で行われる始動方法である。始動時の速度-トルク特性は**図 4.43** のようになる。**始動巻線**（starting winding）によるトルクのほかに，界磁巻線によるトルク，渦電流によるトルクなどがある。

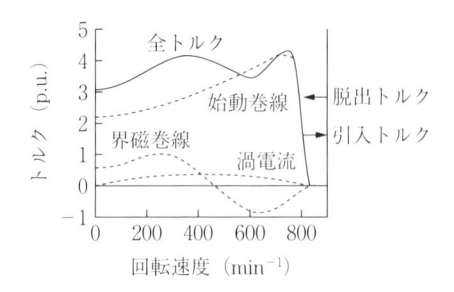

図 4.43 同期電動機の速度-トルク特性の例[3]

　始動中に界磁巻線を開放しておくと，高電圧を誘起して絶縁を脅かすので，界磁抵抗値の 4～5 倍の放電抵抗で短絡しておく。渦電流によるトルクは磁極端板や締付ボルトなどに生じる。界磁鉄心は普通，厚さ 1.6～3.2 mm の鋼板で作るので渦電流は少ない。界磁鉄心に鉄塊を用いれば，渦電流が増えてトルクは増加するが，運転中の損失も増える。

　同期速度に近づいたら界磁巻線に直流電圧を加えて励磁すると同期速度になる。ただし，同期に入る前の電動機トルクに対し，負荷トルクや慣性が大きいと同期速度に入れない。同期に入り得る電動機の発生するトルクを**引入れトルク**という。電動機の負荷が増えて，同期速度から外れる限界のトルクを**脱出トルク**という。脱出トルクは定格トルクの 1.5～2 倍である。

4.8.2 外　部　起　動

　大形機では自ら始動できないので，**外部起動**（始動）により同期速度まで上げることが行われる。外部起動（始動）には以下の方法がある。

　（ 1 ）　**起動電動機**　　同期機に励磁機を直結している場合は，直流電源があれば励磁機を電動機として運転する。同期速度近くまで達したら，同期機を励磁すれば同期速度に達する。同期機に誘導電動機を直結して運転することもある。

（2）**誘導電動機として起動する**　同期機の界磁回路を開いて，起動補償器により下げた低圧を電機子に加えると回転磁界を生じ，制動巻線（始動巻線ともいう）に電流が流れて，かご形回転子として起動する。同期速度近くまで達したら界磁回路を閉じて電流を流して同期化し，起動補償器を運転位置に切り換える。

（3）**三相起動巻線を用いる**　回転子の磁極面に三相巻線を施し，スリップリングを経て外部抵抗に結ぶ方式である。巻線形回転子のように強大なトルクを発生する。同期速度近くでスリップリングを短絡する。

演 習 問 題

【4.1】定格電圧 3 300 V，容量 400 kVA の三相同期発電機があり，その短絡比は 1.2 である。無負荷定格電圧で，三相端子を短絡したときに流れる電流はいくらか。　（電験 3 種）

【4.2】定格電圧 6 000 V，容量 5 000 kVA の三相交流発電機において，励磁電流 200 A における無負荷端子電圧 6 000 V，短絡電流は 600 A とする。この発電機の短絡比と同期リアクタンスを求めよ。　（電験 2 種）

【4.3】同一定格の 2 台の同期発電機が並列運転を行い，遅れ力率 0.8，電流 400 A の負荷に供給している。いま 1 機の励磁を増加してその電流を 250 A とした。負荷に変化がないものとして各機の力率を求めよ。　（電験 1 種）

【4.4】4 極の三相同期電動機がある。この電機子巻線を短絡して，別の電動機で運転し 1 800 min^{-1} で回転し，定格界磁電流を通じたところ，電機子の短絡電流は 80 A となった。この同期電動機を 220 V，60 Hz の電源につないだ場合，脱出トルクはいくらか。また全負荷時のトルク角を $\pi/9$（20°）とすれば，全負荷出力はいくらか。ただし非突極機とする。

【4.5】同期電動機はどんな用途に使用されるか。

5. 直流機

　回転機が最初に実用化されたのは直流機である。直流電動機は速度制御が容易で大きな始動トルクが得られるため，鉄道などの分野で広く採用されていたが，半導体電力変換装置を用いて誘導電動機を速度制御する方式に変わってきている。また，化学工業など大容量の直流電力を必要とする分野でも直流発電機に代わり，半導体整流器が使用されるようになってきた。

　このように，直流機はしだいに使用されなくなってきているが，自動車などのように電池を電源とする小容量の発電機および電動機として，直流機は広く使用されており，また，他の種類の電動機を学ぶ基礎としても，直流機の原理，構造および特性を理解することは重要である。

5.1 直流機の原理

5.1.1 直流発電機

　図 5.1 は **直流発電機**（direct-current generator）の原理である。図 5.1 においてコイル AA' の一辺 A が，磁束密度 B（T）の磁界に直角に v（m/s）の速さで動くと，**フレミングの右手の法則** により，導体中に起電力 e を生じる。磁界中にある導体の長さを l とすると，起電力は次式のようになる。

$$e = Blv \quad (\text{V}) \tag{5.1}$$

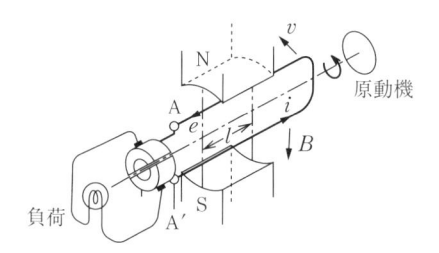

図 5.1 直流発電機の原理

5.1 直流機の原理

導体(電機子コイル)に沿っての磁極(magnetic pole) N, Sからの磁束分布は台形波に近い形になるので,1本の導体に発生する起電力の時間的変化は**図 5.2**(a)のようになる。**ブラシ**(brush)に現れる電圧は,負電圧が整流されて反転するので図(b)のようになる。実際の直流機(direct-current machine)では,ブラシ間に多数の導体が接続されているので,電圧は合成され図(c)のようになる。

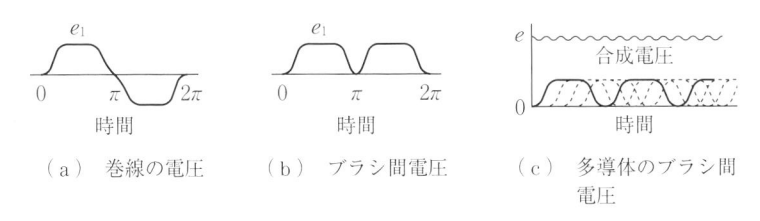

(a) 巻線の電圧 (b) ブラシ間電圧 (c) 多導体のブラシ間電圧

図 5.2 導体に発生する電圧

整流子(commutator)とブラシを通して負荷を接続し,コイルに電流 i を流すと,発生電力は次のとおりである。

$$P = ei \quad \text{(W)} \tag{5.2}$$

この電流 i と磁界の作用により導体の運動 v と逆方向に力 F が働き,コイルを止めようとする。

$$F = Bli \quad \text{(N)} \tag{5.3}$$

そこで,発電を継続するためには F と同じ力を外から加えてやらなければならない。損失を無視すれば,これに必要な動力 P_m は次のとおりである。

$$P_m = Fv = Bli \times \frac{e}{Bl} = ei = P \quad \text{(W)} \tag{5.4}$$

5.1.2 直流電動機

図 5.3 は**直流電動機**(direct current motor)の原理である。磁束密度 B (1 T)の磁界中に直角に置かれている導体に,外部から I (1 A)の電流を流すと F (1 N)の力を生じる。これを**フレミングの左手の法則**という。

図 5.3 に示すように電源を接続して外部からコイルに電流 i を流すと,フレ

122   5. 直 流 機

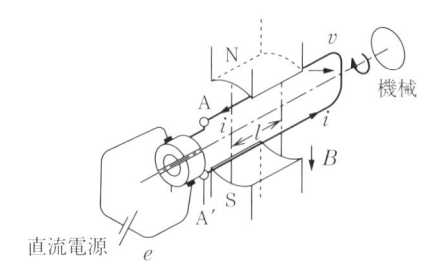

図5.3 直流電動機の原理

ミングの左手の法則により，電流の向きが図5.1の発電機と同じときは逆方向に回転する。また，電流の向きが図5.1と逆のときは同方向に回転する。

このとき，起電力 e が電流 i と逆方向に生じるので，動力 Fv を維持していくためには，この逆電圧 e に対抗して同じ電圧を外から加えなければならない。

供給電力 P は次式のように表される。

$$P = ei = Blv \times \frac{F}{Bl} = Fv = P_m \quad (\text{W}) \tag{5.5}$$

5.2 直流機の構造

5.2.1 基本構成

図5.4に直流機の外観と構造を示す。

（a） 直流機の外観（分巻・2.2 kW・100 V・1 500 min^{-1}）

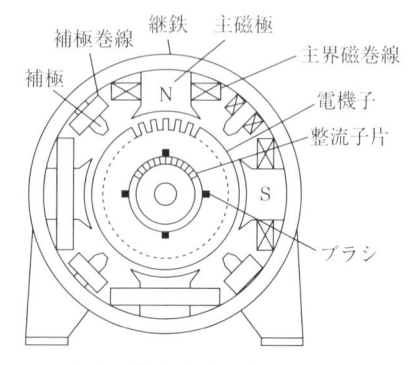

（b） 構造（断面図）

図5.4 直流機の外観と構造

5.2 直流機の構造

（1）継鉄　　直流機の固定子枠は鋳鋼または軟鋼板で，機械的な構造部分とともに継鉄として使用される。**継鉄**（yoke）はN極とS極を磁気的に結ぶ部分である。

（2）主磁極および界磁巻線　　主磁極は磁極表面の渦電流損を減らすために，厚さ0.8 mmまたは1.6 mm程度の鋼板を積層して磁束変化を速くしている。磁極に絶縁物を介して磁束を作る**界磁巻線**（field winding）を巻いている。分巻巻線と直巻巻線があり，巻線に用いる電線の耐熱クラスと許容最高温度は，表1.3に示したとおりである。

（3）補極　　補極（commutating pole）は主磁極の中間に配置され電機子電流を流して，整流火花を改善するものである。通常は軟鋼が用いられるが，薄鋼板の積層構造にすることもある。

（4）電機子　　電機子鉄心は，渦電流損およびヒステリシス損を減らすために，厚さ0.35 mmまたは0.5 mmのけい素鋼板をスロットを打ち抜いて，軸方向に積層している。スロットに電機子巻線を入れたもの全体を**電機子**（armature）という。

（5）整流子とブラシ（刷子）　　整流子とブラシは，1秒間に数千回の回路切り替えを行っており，耐熱性や摺動のしやすさが求められる。整流子は整流子片とマイカ板を交互に重ねて組み立てる。整流子片には，例えば，機械的強度が強く，焼きなまし温度が高い（約300℃）銀を0.03〜0.3％混入した銀入銅を用いている。最近では技術革新により，樹脂モールド整流子を用いたり，低廉化のため銀入銅を使用しない整流子も多い。ブラシにはカーボンや電気黒鉛を用いる。

5.2.2　電機子巻線

電機子に配置された全コイルをまとめて巻線という。1個のコイルには2個のコイル辺があり，各コイル辺の距離は磁極間距離（極ピッチ）に等しくなる。

コイルどうしの接続の方法によって，図5.5に示すように**重ね巻**（lap winding）と**波巻**（wave winding）がある。重ね巻は次のコイルが少しずれた

(a) 重ね巻　　　(b) 波巻

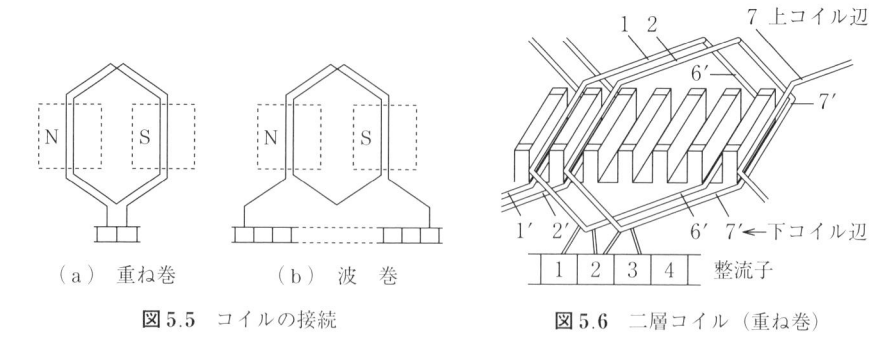

図 5.5　コイルの接続

図 5.6　二層コイル（重ね巻）

位置にあり，並列回数が多く低圧大電流に適する。波巻は次のコイルがほぼ2磁極ピッチ離れた位置にあり，直列巻で並列回路数はつねに2個になるため，高圧小電流の機器に使用される。

コイル辺を収める溝を**スロット**（slot）といい，1個のスロットに上下2個のコイル辺を入れる**二層巻**（double layer winding）が使用される。

図 5.6 はスロットに収めた重ね巻コイル（二層巻）の構造例であり，コイル辺をスロット番号で示し，下コイル辺に「′」を付けている。

極数が4極の場合の電機子巻線の展開図の例として，重ね巻を図 5.7 に，波巻を図 5.8 に示す。ブラシは両者とも4個である。

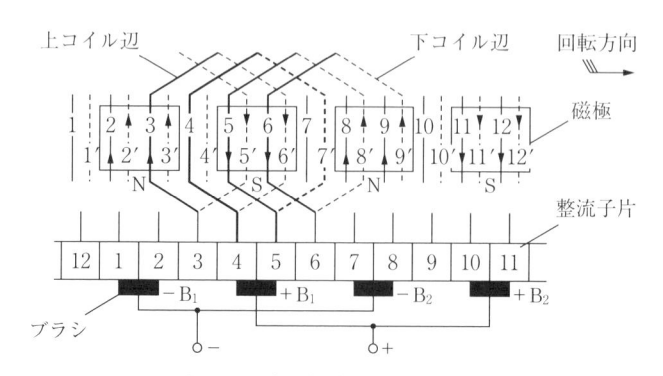

図 5.7　重ね巻（4極）の展開図

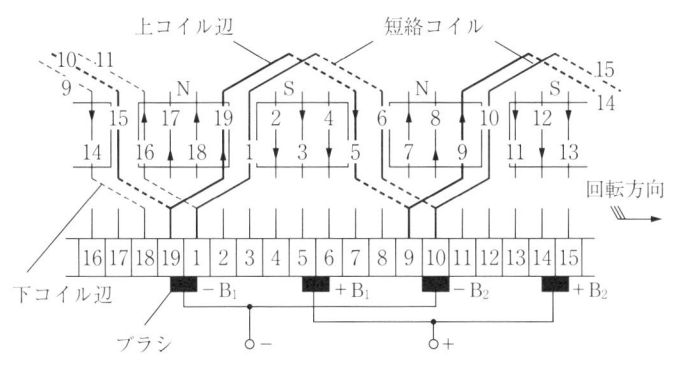

図 5.8 波巻（4極）の展開図

（1） 重 ね 巻 並列回路数を $2a$，極数を $2p$（p は極対数）とすると，重ね巻が m（普通は $m=1$）の場合

$$2a = 2pm$$

となる。並列回路数が多いので，電圧が低く大電流に適する。図 5.7 においてブラシで短絡されるコイルには起電力はない。

（2） 波 巻 波巻は電圧の高い場合に適用する。750 V クラスは波巻が多い。並列回路数は 2 である。ブラシは 4 個あるが，波巻の場合は B_1，B_2 は短絡コイルで短絡されているので B_2 を省いてブラシは 2 個でもよい。ただし B_1 の電流密度が 2 倍になるので，大きいブラシにする必要がある。

5.3　直流機の誘起起電力とトルク

5.3.1　直流機の誘起起電力

直流機の磁極と電機子の位置関係を**図 5.9** に示す。ギャップの磁束密度は**図 5.10** のように台形に近い形であり，その平均値を B_a（T，Wb/m^2）とすると，電機子コイル 1 本の起電力 e の平均値 e_a は次式のようになる。

$$e_a = B_a l v \tag{5.6}$$

ここで，極対数を p とすれば，電機子（回転子）1 極当りの表面積は次式になる。

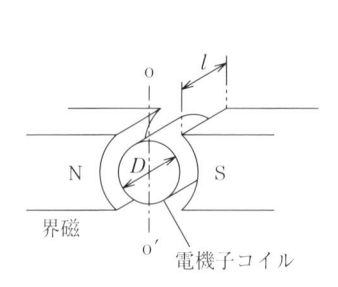

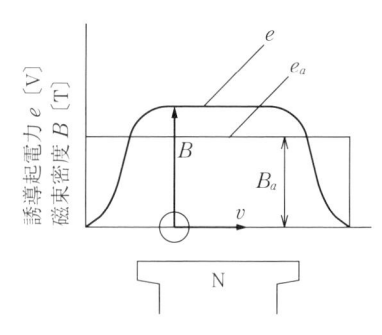

図 5.9 磁極と電機子の配置　　**図 5.10** ギャップの磁束密度

$$S = \frac{\pi D l}{2p} \quad (\mathrm{m}^2) \tag{5.7}$$

磁束を Φ（Wb）とすると，平均磁束密度は次式となる。

$$B_a = \frac{\Phi}{S} = \frac{2p\Phi}{\pi D l} \quad (\mathrm{T}) \tag{5.8}$$

電機子表面の周速 v は，回転速度（回転数）を n（s^{-1}）として次式で表される。

$$v = \pi D n$$

以上より，電機子コイル 1 本の平均誘起起電力 e_a は次式になる。

$$e_a = B_a l v = 2p\Phi n \quad (\mathrm{V}) \tag{5.9}$$

電機子の全導体数を Z 本，並列回路数を $2a$ とすると，正負のブラシ間に直列につながる導体数は $Z/2a$ である。これより，直流発電機の端子間の誘起起電力は

$$E = \frac{e_a Z}{2a} = \frac{2p\Phi n Z}{2a} = \frac{pZ}{a}\Phi n \equiv k\Phi n \quad (\mathrm{V}) \tag{5.10}$$

ここで $k \equiv \dfrac{pZ}{a}$ であり，一般に，重ね巻 $p/a = 1$，波巻（直列巻）$p/a = p$ である。

回転速度を毎分 N（min^{-1}）とすると，誘起起電力は次式で表される。

$$E = \frac{1}{60}\frac{pZ}{a}\Phi N \equiv k\Phi\left(\frac{N}{60}\right) \quad (\mathrm{V}) \tag{5.11}$$

5.3 直流機の誘起起電力とトルク　*127*

電機子電流を I_a，電機子抵抗を R（Ω），端子電圧を V（V）とすると

発電機： $E = V + I_a R$ 　（V） (5.12)

電動機： $E = V - I_a R$ 　（V） (5.13)

図 5.11 において，電動機に供給される入力 P_{in} は

$$P_{in} = VI_a = EI_a + I_a^2 R \quad (\text{W}) \tag{5.14}$$

機械的出力 P_{out} は

$$P_{out} = EI_a = \frac{1}{60}\frac{pZ}{a}\Phi NI_a = k_T \omega \Phi I_a \quad (\text{W}) \tag{5.15}$$

ここで，$k_T \equiv (1/2\pi) \times pZ/a$，$\omega = 2\pi(N/60)$ （rad/s）である。

回転速度は

$$N = \frac{60aE}{pZ\Phi} = \frac{V - I_a R}{k_E \Phi} \quad (\text{min}^{-1}) \tag{5.16}$$

ここで，$k_E \equiv (1/60) \times pZ/a$ となる。

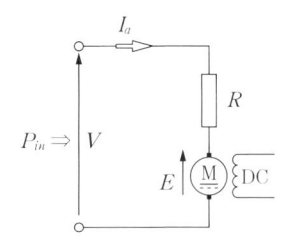

図 5.11　電動機回路

5.3.2　直流機のトルク

図 5.12 のように，平均磁束密度 B_a（T）の磁界において，長さ l（m）の導体に電流 I_c（A）が流れるとき，電機子円周の接線方向に働く力を求める。

電機子の平均磁束密度は次式となる。

$$B_a = \frac{2p\Phi}{\pi Dl} \quad (\text{T}) \tag{5.17}$$

電機子導体に流れる電流 I_c は，電機子並列導体数を $2a$，電機子電流を I_a とすると

$$I_c = \frac{I_a}{2a} \tag{5.18}$$

ここで，重ね巻は $a = p$，波巻は $2a = 2$ である。

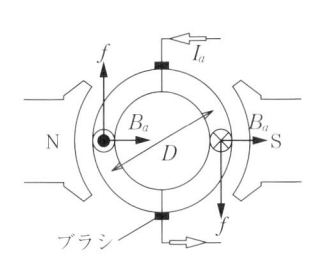

図 5.12　電機子電流とトルク

導体 1 本に作用する力は

$$f = B_a I_c l = \frac{2p\Phi}{\pi Dl} \times \frac{I_a}{2a} \times l = \frac{p\Phi I_a}{\pi Da} \quad (\text{N}) \tag{5.19}$$

1本の導体に働く**トルク**(torque) τ は

$$\tau = f \times \frac{D}{2} = \frac{p\Phi I_a D}{2\pi Da} = \frac{p\Phi I_a}{2\pi a} \quad (\text{Nm}) \tag{5.20}$$

全導体に働くトルク T は,電機子の全導体数を Z とすると

$$T = Z\tau = \frac{1}{2\pi}\frac{pZ}{a}\Phi I_a = k_T \Phi I_a \quad (\text{Nm}) \tag{5.21}$$

ここで,T は電動機では負荷を駆動するトルク,発電機では原動機から受けるトルクで,Φ と I_a の積に比例する。式 (5.21) に,誘起起電力の関係である式 (5.10) を代入すると,次式のようになる。

$$T = \frac{EI_a}{2\pi n} = \frac{P}{\omega} \quad (\text{Nm}) \tag{5.22}$$

ここで,P (W):転換電力,$\omega = 2\pi n = 2\pi (N/60)$ (rad/s):角速度,である。

5.4 電機子反作用

電機子反作用 (armature reaction) は,負荷電流としての電機子電流が界磁磁極からの主磁束を偏磁させる現象である。

5.4.1 直流発電機の場合

図 5.13 は発電機の電機子反作用による磁束分布の変化である。図 (a) は無負荷運転の界磁による磁束分布であり,極間の磁束分布が 0 になる n 軸を**幾何学的中性軸** (geometrical neutral axis) という。図 5.7(コイル 4)のようにコイルの 1 辺が n 軸に達したときにコイルを短絡するようにブラシを置くことを,ブラシを中性軸に置くという。

電機子が時計回りに回転すれば図 (b) のように起電力を生じ,これにより流れる電流による起磁力分布は点線のようになる。n 軸付近は磁気抵抗が大きいので,磁束密度は実線のようにくぼんだ形になる。

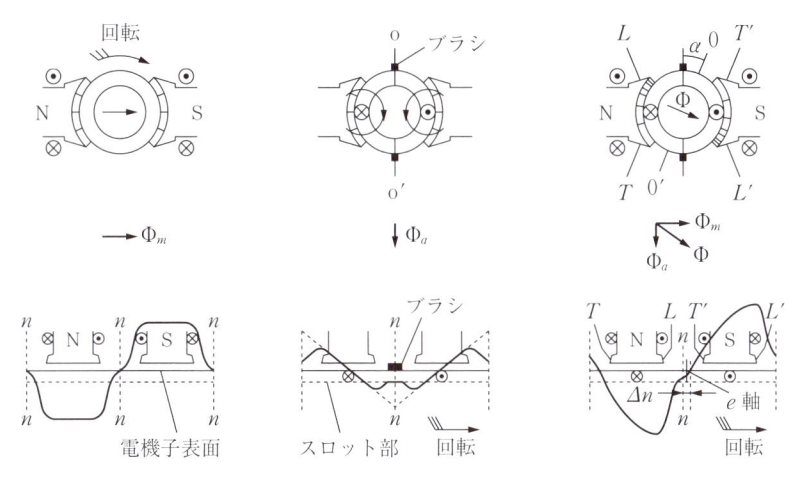

(a) 主界磁による磁束　　（b） 電機子電流による磁束　　（c） 負荷状態の合成磁束

図 5.13 発電機の電機子反作用による磁束分布の変化

　発電機の負荷運転中は界磁の磁束 Φ_m と電機子電流による磁束 Φ_a が合成されて，図 (c) のような磁束 Φ になる。磁束密度が最大になる位置は回転方向にずれて，極の前端 L, L' のようになる。磁束密度が 0 になる位置を e 軸とすれば，n 軸よりも α (Δn) だけ回転方向に進み，この軸を**電気的中性軸** (electrical neutral axis) という。磁束は極の一端で増加し，他端で減少するが，増加分は磁気飽和のため頭打ちになるので，全体として磁束は減少する。

　このように電機子電流が主磁極による磁束分布に影響を与える働きを電機子反作用といい，① 電気的中性軸が移動する，② 主磁束が減少する，③ 整流子片間電圧が局部的に高くなる，という性質がある。

5.4.2　直流電動機の場合

　電動機の場合，回転方向を発電機と同じと考えれば発電機とは電流の向きが逆になるので，電機子反作用起磁力は**図 5.14** (a) のようになり，合成磁束 Φ は主磁界による磁束と加えて図 (b) のようになる。

(a) 電機子電流による磁束　　(b) 運転状態の磁束

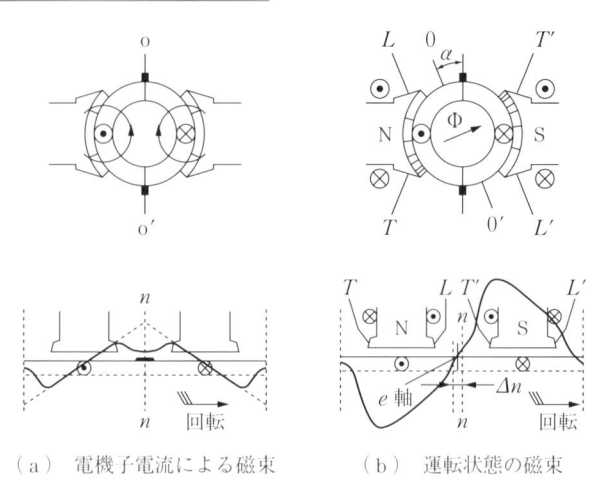

図 5.14 電動機の電機子反作用による磁束分布の変化

5.4.3 直軸起磁力と交差起磁力

電機子反作用により，ブラシが幾何学的中性軸の場合は整流時に火花が発生する。整流時の火花を少なくするには，発電機は回転方向に，電動機は逆方向にブラシをずらして電気的中性軸である e 軸に移せばよい。

発電機について，ブラシを幾何学的中性軸より β 進ませた場合の電機子電流を**図 5.15** に示す。n 軸と対称に m 軸を考えると，両軸間の角 2β の導体は界磁起磁力と逆方向の起磁力 AT_d を作る。電機子起磁力を Φ_a とすると

$$AT_d = \Phi_a \sin \beta \tag{5.23}$$

となり，これを**直軸起磁力**（direct-axis magneto motive force）といい，界磁起磁力に対して減磁作用をする。

そのほかの導体の起磁力 AT_c は中性軸の方向に向き

$$AT_c = \Phi_a \cos \beta \tag{5.24}$$

となり，**交差起磁力**（cross magneto

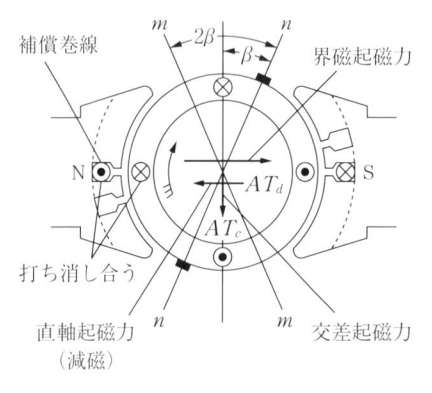

図 5.15 電機子電流による起磁力の分解（発電機）

motive force) という。これも前述のように磁気飽和を発生し減磁作用をする。

図 5.15 は磁極片に補償巻線を設けて，電機子コイルの磁束を打ち消す方向に電機子電流を流して交差起磁力による整流子の火花を軽減する方法である。この場合，ブラシは幾何学的中性軸に置く。

5.5 整　　　流

5.5.1 整　流　作　用

（1） コイルと整流子の電流変化　例えば，重ね巻のコイルで，図 5.16 （a）から図（b），（c）へと電機子が右へ移動するにつれて，コイル 4～7′内の電流 I_c は時計回り，0，反時計回りと変わるが，ブラシから外へ出る電流の大きさは変わらない。これが**整流作用**（commutation）である。

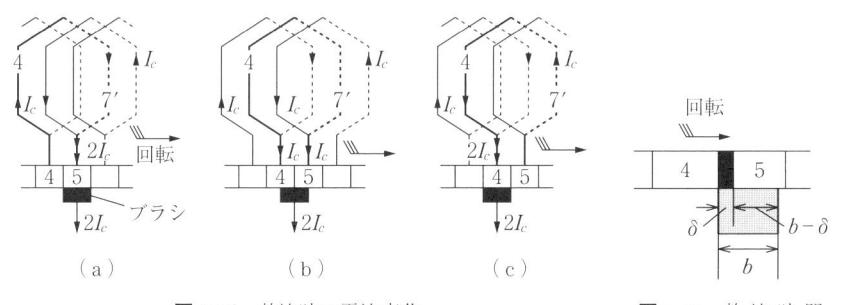

図 5.16　整流時の電流変化　　　　　図 5.17　整　流　時　間

（2） 整　流　時　間　図 5.17 において，δ（m）を整流子絶縁の厚さ，b（m）をブラシの厚さとする。ブラシが整流子片 5 だけに接する位置から，$b-\delta$ だけ整流子が右へ進めば，ブラシは 5 から離れ，その間にコイル 4～7′の整流が行われる。その時間を**整流時間**（commutating period）といい，整流子周速を v_c（m/s）とすると整流時間は次式のようになる。

$$T_c = \frac{b-\delta}{v_c} \quad \text{(s)} \tag{5.25}$$

整流時間は一般に，0.5～2 ms 程度の短時間である。

5.5.2 整流曲線

コイル内の電流の時間的な変化は**図 5.18** のようになる。整流時間 T_c の部分を取り出してみると**図 5.19** のようになり，これを**整流曲線**（commutating curve）という。

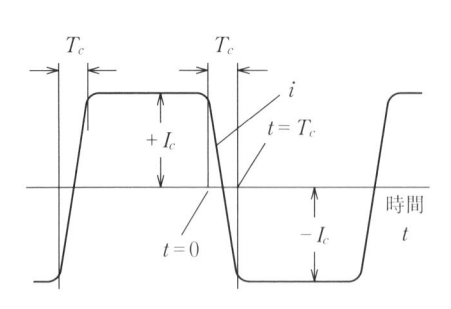

図 5.18 コイル内電流の時間的変化

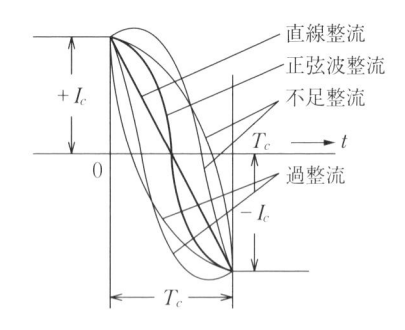

図 5.19 整流曲線

電流変化について 4 種類を示しているが，それぞれ以下の特徴がある。

① 直線整流　　：整流良好，無火花整流
② 正弦波整流：整流良好，無火花整流
③ 不足整流　　：整流の終わりで電流が急変して，ブラシの後端から火花
④ 過整流　　　：整流の初めで電流が急変して，ブラシの前端から火花

また，速度が速くなると電流の時間的変化が大きくなるので，火花が出やすくなる。

5.5.3 整流方程式

図 5.20 は整流を開始してから t (s) 後の状況を示す。ここで

- 短絡コイルの電流を i (A)
- 短絡コイルの誘起電圧を e_c (V)
- ブラシの接触面積を S_b (m^2)
- ブラシが整流子 1，2 と接触する面積を S_1, S_2 (m^2)

5.5 整流

- ブラシと整流子の接触抵抗を R_b (Ω)
- ブラシと整流子1, 2との接触抵抗を R_1, R_2 (Ω)
- コイルの等価インダクタンスを L (H)

とする。コイルと整流子ライザの抵抗を無視すれば、キルヒホッフの法則により次式が求められる。

$$L\frac{di}{dt} + R_2(I_c + i) - R_1(I_c - i) = e_c \quad (5.26)$$

さらに

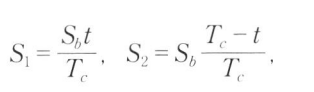

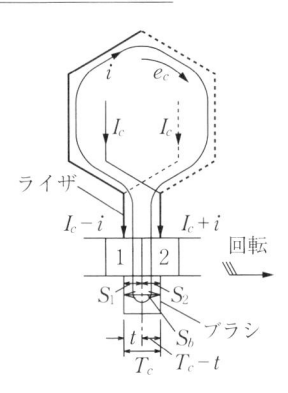

$$S_1 = \frac{S_b t}{T_c}, \quad S_2 = S_b \frac{T_c - t}{T_c},$$

$$R_1 = \frac{R_b S_b}{S_1} = \frac{R_b T_c}{t}, \quad R_2 = \frac{R_b S_b}{S_2} = \frac{R_b T_c}{T_c - t}$$

図 5.20 整流時の電流分布

の関係を、式 (5.26) に代入すると、近似的に次の整流方程式が求められる。

$$L\frac{di}{dt} + \frac{R_b T_c}{T_c - t}(I_c + i) - \frac{R_b T_c}{t}(I_c - i) = e_c \quad (5.27)$$

式 (5.27) より、次のようになる。

① $L = R_b T_c$ のとき、di/dt が無限大で火花を生じる：不足整流
② $L > R_b T_c$, $I_c 2R_b > e_c$ のとき、$di/dt > 0$ ：過整流（ブラシの電流密度が大きくなり過熱）
③ $L < R_b T_c$, $I_c 2R_b > e_c$ のとき、$di/dt < 0$ ：正弦波整流（直線整流）

5.5.4 整流の改善

（1）抵抗整流 ブラシの抵抗 R_b が大きく、$L \fallingdotseq 0$, $e_c \fallingdotseq 0$ であれば、式 (5.27) より

$$\frac{I_c + i}{T_c - t} = \frac{I_c - i}{t}$$

これより

$$i = \frac{I_c(T_c - 2t)}{T_c} = I_c - \frac{2I_c}{T_c}t \quad (5.28)$$

となり，i と t の関係は直線で表され，直線整流となり整流は良好である。

このように，ブラシの抵抗を大きくする整流を**抵抗整流**（resistance commutation）といい，炭素ブラシや電気黒鉛ブラシが使用される。

（2） **補極と電圧整流**　整流されるコイル辺は幾何学的中性軸にあるから，**補極**（interpole）は図 5.21 に示すように中性軸に置く。補極に電機子電流を流して平均リアクタンス電圧（$L_e di/dt$）を打ち消す電圧 e_c を短絡コイルに誘起させれば，式（5.27）は抵抗整流となり整流は改善される。この e_c を整流電圧といい，これによる整流を**電圧整流**（voltage commutation）という。

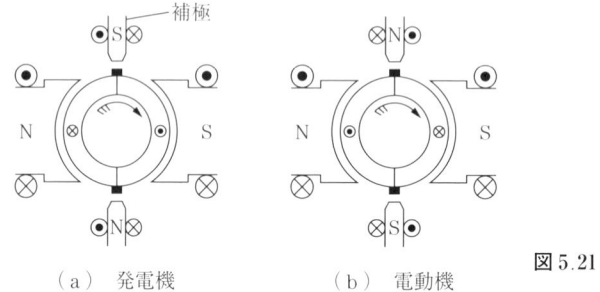

　　　　（a） 発電機　　　　（b） 電動機

図 5.21　補極と極性

一般にリアクタンス L_e はコイルの自己インダクタンスとコイル辺間の相互インダクタンスの和で表され，実際の機械では無視できない。

補極はリアクタンスによる電流遅れを防ぐもので，発電機では誘起電圧と電流が同方向なので補極の極性を次にくる主磁極と同極性にする。電動機は電流方向が反対であるので，補極も反対極性にする。

（3） **補償巻線**　補極は整流を改善するが，電機子反作用による整流子間の電圧の不均一は除けない。これによる火花の発生を防ぐには，図 5.15 に述べた，補償巻線が有効である。

（4） **ブラシの移動**　補極がない場合は，発電機を幾何学的中性軸から回転方向に電気的中性軸まで進ませれば，短絡コイルが次の主磁束を切って整流が促進される。電動機ではブラシを遅らせる。しかし，負荷が変わればブラシの位置も変えなければならず実用的ではない。

5.6 直流発電機の種類と特性

5.6.1 直流発電機の種類

直流発電機（d.c.generator）は励磁方式により分類すると，次のようになる．

a． 他励式発電機（saparatly excited generator）
b． 自励式発電機（self-excited generator）
　　a） 分巻発電機（shunt generator）
　　b） 直巻発電機（series generator）
　　c） 複巻発電機（compound generator）
　　　　①和動式，②差動式
c． 永久磁石式発電機（permanent-magnet d.c.generator）

5.6.2 他　励　式

図5.22のように，電機子巻線に発生する電流I_aを励磁に用いず，界磁回路には別の電源から電流I_fを供給する．

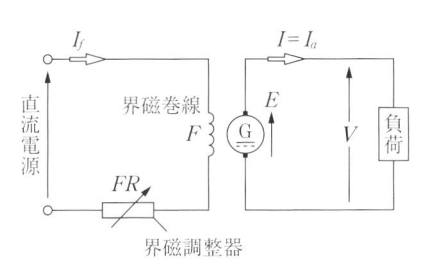

図5.22 他励式発電機の接続　　　**図5.23** 無負荷飽和曲線

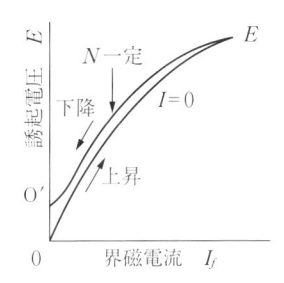

（1） 無負荷飽和曲線（無負荷特性曲線）　　原動機により無負荷定格速度で回転し，界磁調整器（可変抵抗）により界磁電流I_fを変化させ，電機子誘起電圧Eを測定すると**図5.23**のようになる．これを**無負荷飽和曲線**（no-load saturation curve）という．I_fを0から増やしていくとEも増加するが，鉄心

が飽和するため徐々に頭打ちになる。次に I_f を減らしていくと誘起電圧 E も減少するので，鉄心のヒステリシス特性のため元には戻らず，残留磁気が残る。

（2）**負荷飽和曲線**　負荷をかけると電機子電流 I_a が流れる。電機子回路の抵抗を R，ブラシの電圧降下を V_b とすると，電機子電圧降下は，次式のようになる。

$$V_r = RI_a + V_b \tag{5.29}$$

また，電機子反作用による起磁力の減少分を補うために，必要な界磁電流を I_{fa} とする。**図5.24** のように，無負荷飽和曲線（N）上の1点 E から，V_r だけ降下した点 A の I_f に，I_{fa} を加えた点 V は**負荷飽和曲線**（load saturation curve）（L）上の1点となる。

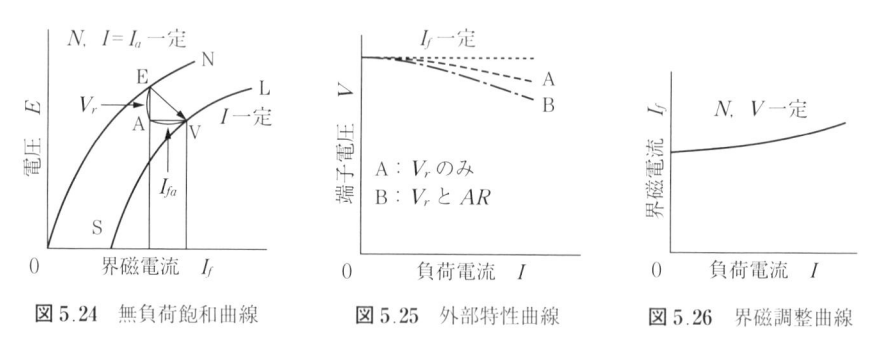

図5.24　無負荷飽和曲線　　図5.25　外部特性曲線　　図5.26　界磁調整曲線

（3）**外部特性曲線**　回転速度と界磁電流を一定としたとき，負荷電流と端子電圧の関係を示す曲線を**外部特性曲線**（external characteristic curve）という。ここで，曲線 A は電機子電圧降下 V_r によるもので，曲線 B は電機子電圧降下 V_r と電機子反作用 AR によるものである。負荷電流を増やしていくと電機子電圧降下が増えるので，**図5.25** のように端子電圧は低下する。

（4）**電機子特性曲線**　回転速度と端子電圧を一定としたとき，負荷電流と界磁電流の関係を示す曲線を電機子特性曲線または界磁調整曲線という。負荷電流を増やしていくと電機子電圧降下が増えるので，端子電圧を一定に保つためには界磁電流を増やす必要があり，**図5.26** のようになる。

（5）**用　　途**　電圧を正負の広範囲に安定に変化できる，ワードレオ

ナード方式の直流電源や，大形直流機，交流発電機などの励磁機に使われる。

5.6.3 自 励 式

電機子コイルに発生した起電力で界磁電流を流す。

（1）分 巻 式 図5.27のように電機子巻線と界磁巻線とが並列になっている。

（a）無負荷飽和曲線（無負荷特性曲線） 他励式の場合と異なり，無負荷でも界磁電流による電機子電圧降下があるが，これは小さいので，無負荷飽和曲線は他励式とほとんど同様になる。また，図5.27のようにR_fを界磁巻線抵抗，R_rを界磁調整抵抗とすると，次式のようになる。

$$\left. \begin{array}{l} I_a = I + I_f \\ V = (R_f + R_r) I_f \end{array} \right\} \tag{5.30}$$

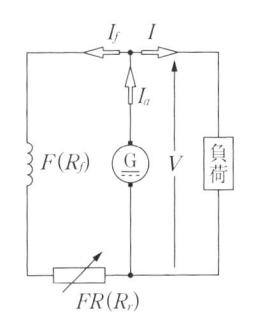

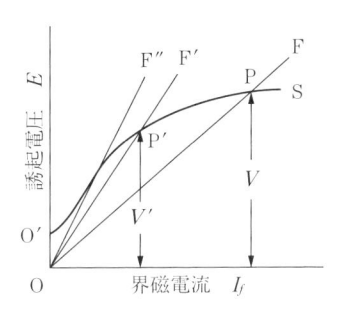

図5.27 分巻発電機の接続　　**図5.28** 分巻発電機の電圧の確立

図5.28に式(5.30)で示される直線$\overline{OF}$（界磁抵抗直線，$V=(R_f+R_r)I_f$）と，**無負荷飽和曲線**$\overset{\frown}{O'S}$とを示す。分巻発電機を無負荷の状態で原動機を回すと，残留電圧により低い電圧Eが発生し，界磁電流I_fが流れる。接続が正しくても，逆回転であれば発電しない。Eが増えればI_fも増加し，結局，点Pまで電圧が上がって落ち着く。これを電圧確立という。

R_rを大きくすると，OFはOF′さらにOF″となるが，OF″のように無負荷飽和曲線と接すると交点は不定となり電圧は不安定になる。このときの界磁回

路の抵抗を**臨界抵抗**という．さらに R_r を増すと残留電圧に近い低電圧となる．

残留電圧は初めは分巻コイルを電機子から切り離し，直流電源に接続し他励にして与える．直流電源のつなぎ方で正負が決まるので，他励のように I_f の向きを変えて電圧を正負に自由に変える便利さはない．

（**b**）**外部特性曲線** 図 5.29 に示すように，回転速度 N を一定にした場合の，電圧 V - 電機子電流 I_a 曲線を**外部特性曲線**という．次式

$$V = (R_f + R_r)I_f \tag{5.31}$$

を表す直線 OF を引くと，I と I_f の割合は図 5.29 のようになる．

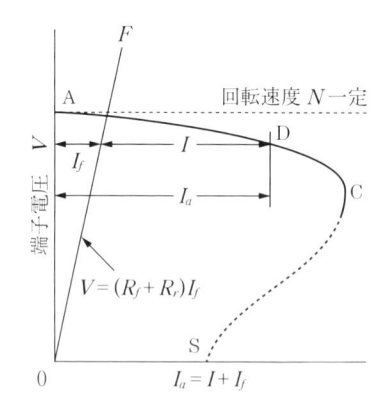

図 5.29 分巻発電機の外部特性曲線

（**c**）**用　　途** 励磁電源が不要で，ある範囲内の電圧調整も可能なので，一般の直流電源に広く用いられる．

（**2**）**直　巻　式**

（**a**）**外部特性曲線** 図 5.30 のように電機子巻線と界磁巻線とが直列に

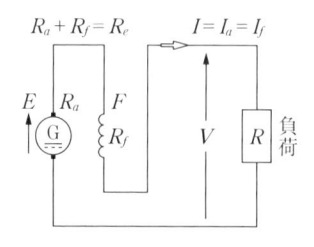

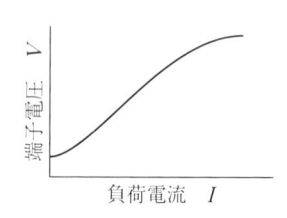

図 5.30 直巻発電機の接続　　図 5.31 直巻発電機の電圧 - 電流特性

なっている。$I=I_a=I_f$ であるから，無負荷の場合は界磁電流も流れない。横軸に電流をとり，縦軸に電圧をとると，**外部特性曲線**は図 5.31 のようになる。

（**b**）**用　　途**　電流と電圧が比例する部分を用い，長距離送電線（例えば直流電気鉄道）や，電圧制御を行う直流電動機の電源などに直列に挿入して電圧を上げる**昇圧機**（booster）として用いられる。

（**3**）**複　巻　式**

（**a**）**外部特性曲線**　図 5.32 のように電機子巻線と並列な界磁巻線と直列な界磁巻線との両方を持っている。両方の界磁巻線の磁束が同じ向きのものを**和動複巻**，逆向きのものを**差動複巻**という。**外部特性曲線**を図 5.33 に示す。

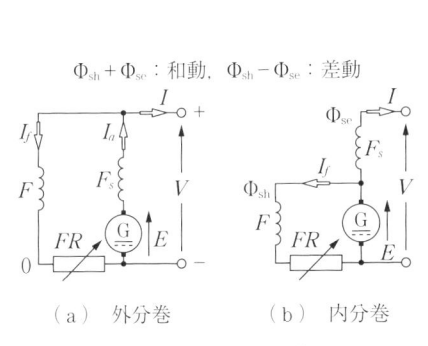

図 5.32　複巻発電機

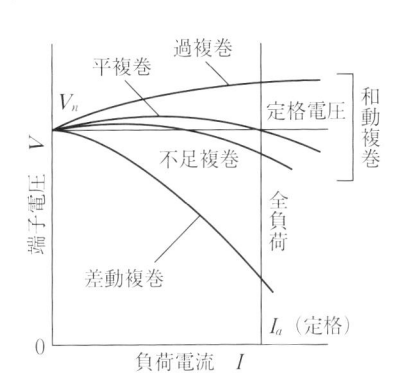

図 5.33　各種直流発電機の外部特性曲線

分巻巻線と直巻巻線のそれぞれの巻数を多くしたり，少なくしたりすることにより，さまざまな特性の発電機を作ることができる。

無負荷と全負荷時の電圧を等しくしたものを平複巻，それよりも直巻界磁が強いものを過複巻，弱いものを不足複巻という。差動複巻発電機は電流の増加とともに電圧が著しく下がる。これを**垂下特性**という。

（**b**）**用　　途**　平複巻は一般の直流電源や励磁機などに用いられる。過複巻は鉱山や電気鉄道などの長い給電線を有する電源に用いられる。垂下特性はアーク用電源に用いられる。

5.7 直流電動機の特性と用途

5.7.1 基本特性

直流電動機も直流発電機と同様に分類される。電動機は供給電圧 V から，電機子抵抗降下 $I_a R_a$ を引いたものが，誘起電圧 E とつりあう。

電動機の回転速度は，次式のように表される。

$$n = \frac{V - I_a R_a}{p/a \times Z\Phi} = \frac{V - I_a R_a}{k\Phi} \quad (\mathrm{s}^{-1}), \quad N = \frac{V - I_a R_a}{k_E \Phi} \quad (\mathrm{min}^{-1}) \quad (5.32)$$

ここで，$k = pZ/a$，$k_E = (1/60) \times pZ/a$ である。

トルクは次式で表される。

$$T = \frac{EI_a}{2\pi n} = \frac{1}{2\pi} \frac{p}{a} Z\Phi I_a = k_T \Phi I_a \quad (\mathrm{Nm}) \quad (5.33)$$

ここで，$k_T = (1/2\pi) \times pZ/a$ である。

5.7.2 他励電動機と分巻電動機の特性

分巻電動機の界磁電流は電機子電流に比べて小さいため，これを無視すれば他励と同じになる。他励電動機および分巻電動機の**速度特性曲線**（speed characteristic curve）は，電圧が一定ならば，電機子反作用を無視すれば極磁束 Φ は一定であるから，回転速度 N と負荷電流 I（$= I_a$）の関係は，**図 5.34** のように右下がりの関係になる。

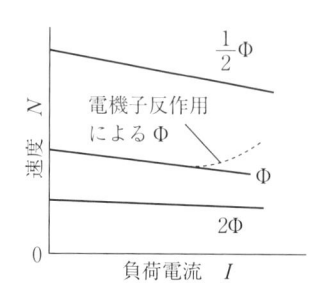

図 5.34 他励電動機，分巻電動機の負荷電流 − 速度特性

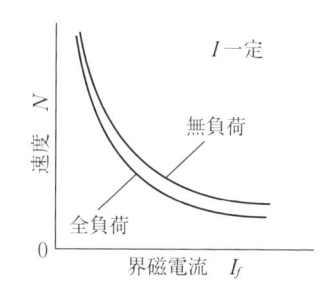

図 5.35 他励電動機，分巻電動機の界磁電流 − 速度特性

電圧 V に対して $I_a R_a$ は小さいので，負荷電流 I_a の変化に対して回転速度 N の変化は少ない。このような特性を分巻特性といい，この特性を持つ電動機を定速度電動機という。回転速度 N の式 (5.32) からわかるように，Φ が 0 になると N は無限大になる。すなわち，界磁回路が切れると高速になり危険であるから，界磁回路にヒューズは使用できない。

界磁調整抵抗を挿入して I_f を変えると Φ が変わり，したがって回転速度 N が変化する。負荷電流を一定にした場合の I_f と N の関係を**図 5.35** に示す。回転方向を変えるには，電機子巻線か界磁巻線のどちらか一方を逆に接続すればよい。

5.7.3　直巻電動機の特性

電機子電流と界磁電流の関係は $I = I_a = I_f$ であるから，負荷電流 I が変わると Φ も変わる。I が小さいときは Φ は I に比例するが，I が大きくなると Φ は飽和してほとんど増えなくなる。直巻電動機は，低速でトルクが強く，なめらかに起動するため，長い間，電気鉄道の車両の電動機として用いられてきた。

（1）**速度特性曲線**　　負荷電流 I が小さいときは，$\Phi = \alpha_1 I$ と表されるから，回転速度は次式のようになる。

$$n = \frac{V - IR_a}{\alpha_1 k I} = k_1 \left(\frac{V}{I} - R_a \right) \quad (\text{s}^{-1}), \ N = 60 k_1 \left(\frac{V}{I} - R_a \right) \quad (\text{min}^{-1}) \quad (5.34)$$

ここに，$k_1 = 1/(\alpha_1 k)$ とおく。回転速度 N と負荷電流 I の関係は双曲線になり，I が減ると N は急激に増加する。したがってベルト掛けのような，負荷のはずれるおそれのある連結法はしない。このように I が変わると N が著しく変わる特性を直巻特性という。

I が大きくなると Φ は飽和してほとんど増えなくなるので，Φ を一定とすると分巻特性になり，直線になる。これをまとめて**図 5.36** に示す。

（2）**トルク特性**（torque characteristic curve）　　負荷電流 I が小さいときはトルクは次式のようになる。

$$T = \frac{k}{2\pi} \alpha_1 I^2 = k_2 I^2 \quad (\text{Nm}) \tag{5.35}$$

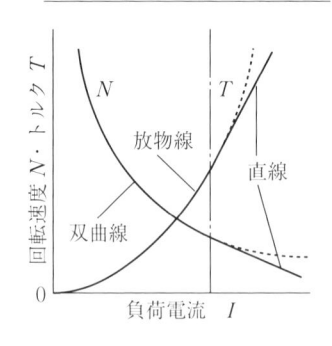

図5.36 直巻電動機の電流‐速度特性

ここで，$k_2 = (1/2\pi) \times a_1 k$ である。

I が大きくなると分巻特性と同様になる。これをまとめて図5.36に示す。

（3） 電力特性　電力は式(5.22)より，次式のようになる。

$$P = T\omega = 2\pi nT = 2\pi\left(\frac{N}{60}\right)T \quad (\text{W}) \tag{5.36}$$

分巻では Φ を一定とすると，T が増加しても N はほとんど変わらないので，P は T に比例する。直巻では T が増加しても N は減少するので，P はほとんど変わらない。

5.7.4 複巻電動機の特性

複巻電動機では始動時に I_f や Φ を大きくするため，図5.32の複巻発電機のように分巻巻線を端子に直接接続する外分巻，これに対して，分巻巻線を電機

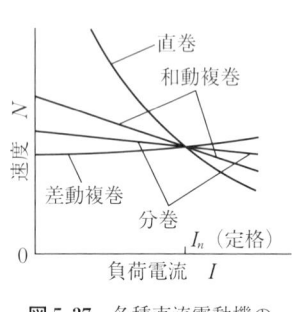

図5.37 各種直流電動機の負荷電流‐速度特性

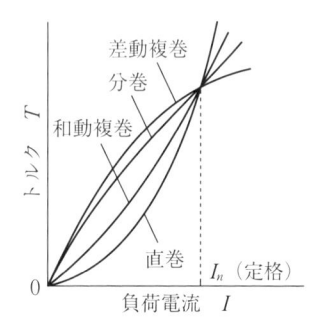

図5.38 各種直流電動機の負荷電流‐トルク特性

子端子につなぐ内分巻がある。

図5.37と図5.38に示すように，分巻と直巻の中間の特性で，どちらの巻線が多いかで，どちらの特性にも近づけられる。

5.7.5　直流電動機の始動

電機子電流I_aは次式のようになる。

$$I_a = \frac{V - k_E N\Phi}{R_a} \quad (\text{A}) \tag{5.37}$$

始動（starting）時は$N=0$であるから，逆起電力も0であり，電流は大きくなる。そこで，始動時には普通，電機子に直列に抵抗（始動抵抗：R_S）を入れて，始動電流を定格電流I_nの100〜150％程度に抑える。これを**抵抗始動**（rheostatic starting）といい，一般に用いられる。

トルクTも減少するので，界磁調整抵抗は最小にして，始動電流を抑えた状態ではTは最大になるようにして始動する。

回転速度が増えるにつれて電流が減ってくるので，図5.39のように抵抗を少しずつ段階的に減らしていく。図5.40のように始動電流の最大をI_t，最小をI_bとすると

$$\left.\begin{aligned}
I_t &= \frac{V}{R_1} \\
\frac{I_t}{I_b} &= \frac{R_1}{R_2} = \frac{R_2}{R_3} = \cdots = \frac{R_m}{R_a} \\
&= \frac{R_1 - R_2}{R_2 - R_3} = \frac{R_2 - R_3}{R_3 - R_4} = \cdots = \frac{R_{m-1} - R_m}{R_m - R_a} \\
&= \frac{r_1}{r_2} = \frac{r_2}{r_3} = \cdots = \frac{r_{m-1}}{r_m}
\end{aligned}\right\} \tag{5.38}$$

の関係がある。普通はI_bは全負荷電流I_n以下にとる。mは段数，r_1，r_2，$\cdots$，r_mはタップ間抵抗である。

図 5.39 始動抵抗の段付け

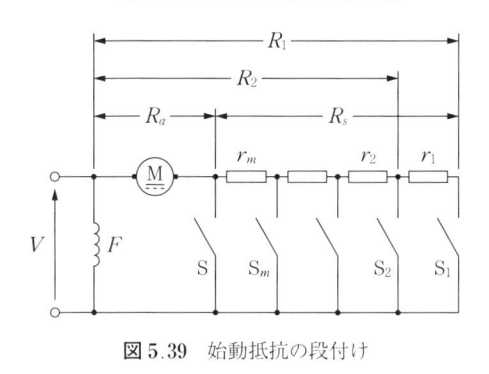

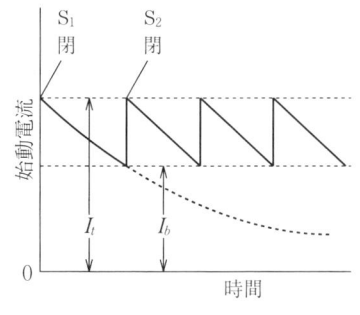

図 5.40 始動電流の変化

5.8 直流電動機の速度制御

5.8.1 分巻電動機の速度制御

（1） **界磁制御**（field control）　負荷電流は一定にしておいて，前述の図5.27のように界磁調整抵抗により，界磁電流 I_f を変化させて磁束 Φ を変化させると式 (5.32) により回転速度 N が変化する。図5.34のように Φ を小さくすれば N は大きくなるが，あまり Φ を小さくすると電機子反作用のほうが相対的に大きくなるので，整流不良になり不安定になる。I_f を大きくすれば Φ が大きくなり，N は小さくなるが，あまり I_f を大きくすると Φ は飽和してほとんど変わらなくなり，したがって N も変わらなくなる。速度調整範囲は，補極なしが，1：1.5，補極付きが，1：3，補償巻線付きが，1：5 程度である。

（2） **直列抵抗制御**（armature-series-resistance control）　図5.41のように電機子回路に直列に抵抗 R_s を入れて，その値を変化させると図5.42のように N が変化する。無負荷速度は変わらないので，軽負荷では速度調整範囲が小さい。また抵抗損を生じる。

（3） **電圧制御**（armature-voltage control）　図5.43のように可変電圧直流発電機 G により，電動機 M に給電する。発電機 G の界磁調整抵抗 F_g を変化させ，M の電圧を変化させる。すると，回転速度の式により，図5.44のように回転速度 N が変化する。このような方式を**ワードレオナード方式**（Ward-

5.8 直流電動機の速度制御

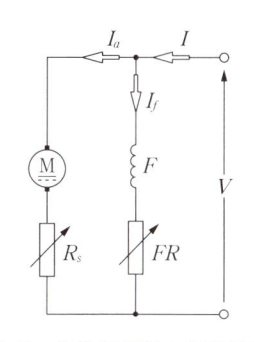

図 5.41 分巻電動機の直列抵抗制御の接続

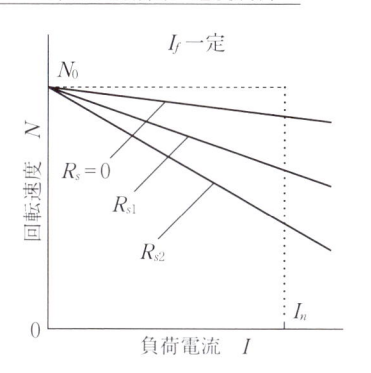

図 5.42 分巻電動機の直列抵抗制御の特性

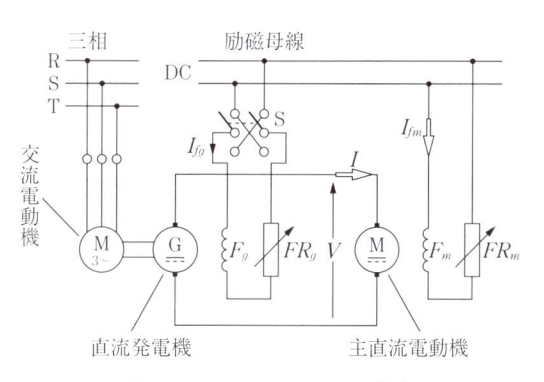

図 5.43 ワードレオナード方式

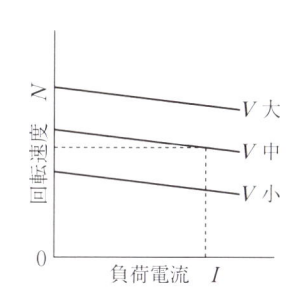

図 5.44 他励電動機の電圧制御の負荷電流-速度特性

Leonard system）といい，1900 年に発表された。ピーク負荷を緩和するため，はずみ車をつけたものを**イルグナ方式**（Ilgner system）という。可変電圧電源に整流器を用いるものを静止レオナード方式という。現在は，半導体電力変換装置の発展に伴い，静止レオナード方式に置き換えられており，さらにインバータによる誘導電動機の速度制御が行われている。

（4）　**電圧制御と界磁制御の組合せ**　　必要な速度制御範囲の高速の部分を界磁制御（弱め界磁）とし，低速の部分を電圧制御とすると，発電機の電圧調整範囲が少なくてよいので，全範囲を電圧制御にするより経済的になる。ただし，負荷電流を一定とすると，**図 5.45** のように，電圧制御はトルク一定の特性，界磁制御は出力一定の特性になる。

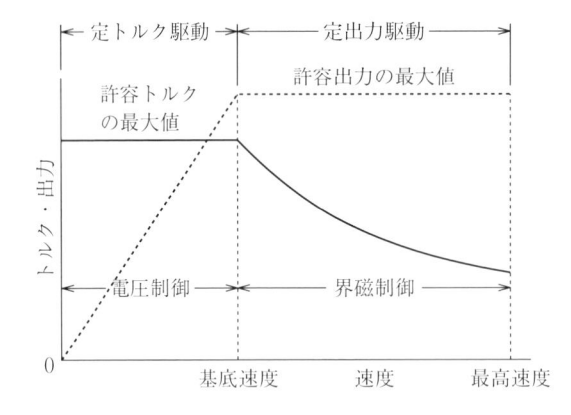

図 5.45　他励電動機の電圧制御と界磁制御の組合せ

5.8.2　直巻電動機の速度制御

直巻電動機は低速での始動トルクが大きいため，電気車の主電動機に用いられていた[6]。

（1）直列抵抗制御　電機子回路に直列に抵抗を入れると，**図 5.46** のように回転速度 N が変化する。速度が低いときは抵抗に加わる電圧が大きく，電動機に加わる電圧は小さい。速度が高くなると，電動機の逆起電力が大きくなるため，抵抗に加わる電圧は小さくなる。

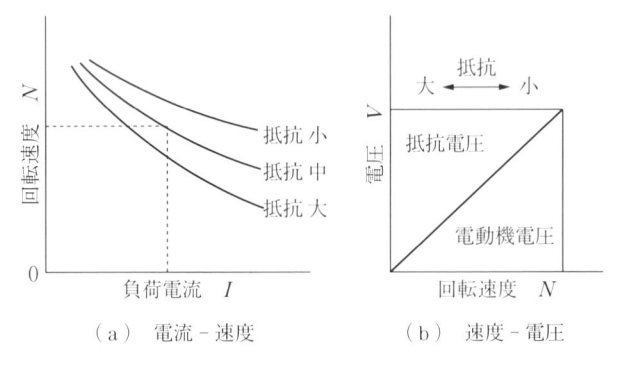

図 5.46　直巻電動機の直列抵抗制御の特性

（2）電圧制御　電圧制御は回転速度が**図 5.47** のように変化する。**図 5.48** は 2 台の電動機を直並列にすることにより，電圧を変化させる 2 段階

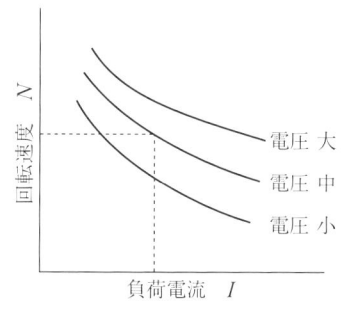

図 5.47 直巻電動機の電圧制御特性

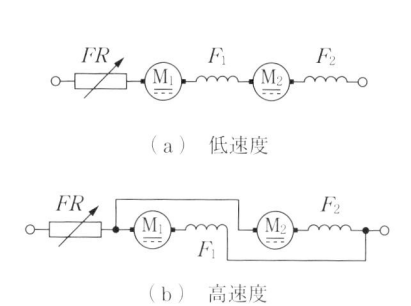

図 5.48 直巻電動機の直並列切換

電圧制御である。一般に，抵抗制御を組み合わせている。

（3） **界磁制御**　図 5.49 のように，界磁巻線にタップを出しておき，これを切り換える部分界磁法と，界磁分路法および組合せ法があるが，界磁分路法が多く用いられる。磁束 ϕ が変化して，式 (5.32) より回転速度が変化する。

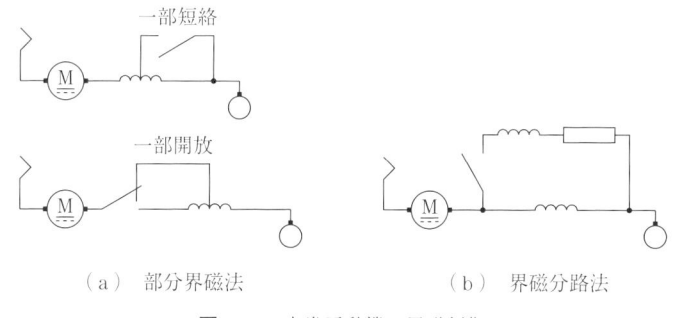

図 5.49 直巻電動機の界磁制御

（4） **電圧制御と界磁制御の組合せ**　直巻電動機においても，電圧制御と界磁制御の組合せが用いられる。すなわち，直流電動機電車では，始動時は直列抵抗制御や電動機の直並列切換で電動機に加わる電圧をしだいに高くしていき，その後，界磁制御（弱め界磁）を行う。この結果，図 5.45 と同様な特性が得られる。

（5） **チョッパ制御（電圧制御）**　抵抗・直並列制御・弱め界磁制御などは主回路に可動部分が多く，保守に手間がかかる点や加速に使用するエネ

ギーの多くが抵抗器で損失しているなど，非効率的な面を持っている。

チョッパ制御（chopper control）は，電力用半導体のスイッチング作用を利用し，直流電圧を方形の断続波に変換して必要な直流平均電圧を得て，主電動機の端子電圧を制御する方式である。電力用半導体としては，当初はサイリスタが用いられていたが，電流を自己遮断できないため転流回路を必要とした。その後，電流を遮断できる自己消弧形のGTOサイリスタ（gate turn-off thyristor）が開発され，電気車の制御は大きく進歩した。接続を変えることで，停止時の機械エネルギーを電力に変換し，電力を架線に戻して，他の負荷に供給する回生制動が可能である。

チョッパ回路には電機子チョッパと界磁チョッパがある。界磁制御は複巻電動機の分巻界磁をチョッパ装置で制御する方式で，電機子チョッパに比べて経済的で軽量化できる。分巻界磁を強めると電機子電流が正から負へ転換し，架線に電流が流れ出て，力行と回生の制御が容易にできる。このほかに，電機子と界磁を独立したチョッパで制御する，4象限チョッパ制御がある。

5.9 直流電気動力計

直流電気動力計（d.c. electric dynamometer）は，直流機を使用した動力計で，固定子もある程度の角度で回転でき，トルクの測定のために固定子に腕がついている。図5.50は直流電気動力計の外観である。電気動力計は抵抗を負

図5.50 直流電気動力計（3 kW・100 V・30 A・1500 min^{-1}・分巻）

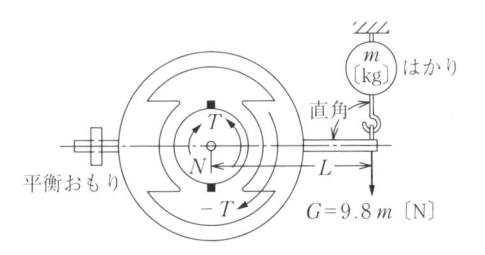

図5.51 動力計の原理

荷とする発電機として運転し，電動機やエンジンなどの出力を測定する。また，電動機として運転し，発電機などの所要動力を測定する。**図 5.51** は動力計の原理[2]であり，回転子中心からはかりまでの距離を L (m)，はかりの指示を m (kg) とすると，固定子に働くトルクは

$$T = 9.8mL \quad (\text{Nm}) \tag{5.39}$$

となり，このトルクは回転子に働くトルクに等しくなる。

回転速度が N (min^{-1}) の場合に動力計が吸収または供給する出力は

$$P = 2\pi \frac{N}{60} T = 2\pi \frac{N}{60} \times 9.8mL = 1.027 NmL \quad (\text{W}) \tag{5.40}$$

で表される。

演 習 問 題

【5.1】 電機子抵抗が $0.05\,\Omega$ の直流分巻発電機がある。回転速度が $1\,000\,\text{min}^{-1}$，端子電圧が $220\,\text{V}$ のとき電機子電流が $100\,\text{A}$ を示した。これを電動機として使用し，その端子電圧と電機子電流が上記と同一であるとき，回転速度はいくらとなるか。ただし，電機子反作用は無視する。

【5.2】 定格が $10\,\text{kW}$，$100\,\text{V}$，$1\,500\,\text{min}^{-1}$ の 2 台の直流他励発電機が定格状態で並行運転している。1 機の速度を 5 % 増せば端子電圧と各機の電流はどうなるか。各機の電機子回路の抵抗を $0.07\,\Omega$ とし，電機子反作用は無視する。

【5.3】 全負荷で並列運転をする 2 個の直流分巻発電機がある。1 機の定格は $200\,\text{V}$，$100\,\text{kW}$，電圧変動率が 6 %，他機は $200\,\text{V}$，$200\,\text{kW}$，電圧変動率が 3 %である。負荷減少して全電流が $1\,000\,\text{A}$ となったとき，各発電機の負荷電流はいくらか。

(電験 3 種)

【5.4】 直流分巻電動機と直流直巻電動機が全負荷で運転しているとき，いずれも電流 $50\,\text{A}$，回転速度 $1\,000\,\text{min}^{-1}$ とする。負荷トルクが半減した場合，電流と回転速度はそれぞれいくらとなるか。磁気飽和と電機子抵抗は無視する。

(電験 3 種)

【5.5】 端子電圧 V で，ある負荷のもとに回転速度 N (min^{-1}) で回転している直流直巻電動機がある。これを他励発電機として同一電流で励磁し，回転速度 N_0 (min^{-1}) で運転した場合の電機子誘起電圧は V_0 である。この電動機の端子電圧が V' となったときの回転速度 N' (min^{-1}) はいくらか。ただし負荷トルクは一定とし，電機子反作用は無視する。

(電験 2 種)

6. 各種電動機

　商用周波数で駆動して広範囲の可変速度を出したいときなどに，交流整流子電動機が用いられる．自動車や情報機器などに，ブラシレスモータやステッピングモータなども使用されるようになってきている．また，鉄道用にリニアモータも注目されて，リニア地下鉄や浮上式鉄道に利用されるようになってきている．これらの特殊な構造や特性を持つ，各種電動機について述べる．

6.1　交流整流子電動機

　各種の**交流整流子電動機**（a.c. commutator machine）があるが，単相直巻整流子電動機，単相反発電動機について述べる．

6.1.1　単相直巻整流子電動機
　図 6.1 のような**単相直巻整流子電動機**（single phase series commutator motor）に交流を加えると，界磁巻線と電機子（回転子）巻線の電流の向きは同時に変化するからトルクの向きは変わらない．しかし交流で用いる場合は，

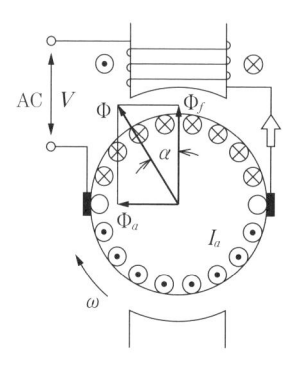

図 6.1　単相直巻整流子電動機の原理 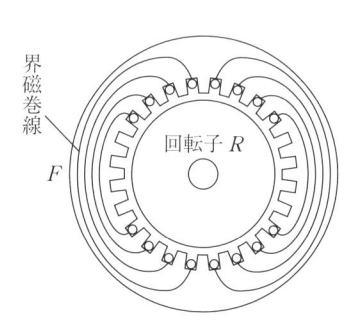　　図 6.2　交流整流子電動機の界磁[7]

界磁巻線のリアクタンス降下や鉄心に渦電流を生じる。そのため，界磁巻線を太く短く，かつ，空隙を詰めて磁気抵抗を減じる。

あるいは，**図 6.2** のように薄い鉄板を積層し，突極ではなく平滑電機子とし，界磁巻線は分布巻として磁束分布を正弦波に近づけてトルクを増し，力率を高くする。また，電機子反作用が大きいので整流が困難となり，補償巻線を設けて電機子起磁力を打ち消す必要がある。

トルク－速度・電流特性は**図 6.3** のようになり，電圧を下げると同一トルクに対し回転数と電流が低下するので速度制御ができる。

1910 年頃欧州において，16 $\frac{2}{3}$ Hz・15 kV の低周波交流き電方式の電気鉄道が登場し，直流直巻電動機と特性が類似している交流整流子電動機が用いられるようになった。このためドイツでは，現在でも電気鉄道は 16.7 Hz（2004 年の欧州規格（EN50162）から 16.7 Hz という）・15 kV の専用の電源系統を用いている。

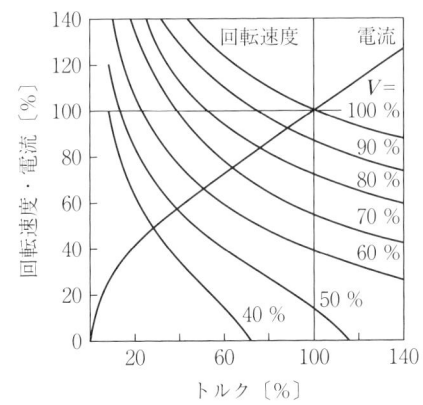

図 6.3　単相整流子電動機の特性

ミキサー，掃除機，電動工具など，商用周波数で誘導電動機よりも高速を出したい場合に用いられる。直流でも使用できるので，交直両用電動機または万能電動機（universal motor）ともいう。

6.1.2　単相反発電動機

図 6.4 のように電機子（回転子）巻線を短絡すれば，変圧器作用によりパワーを補償巻線 W_c から電機子に伝達でき，電流 I_2 が流れる。そこで，界磁巻線 W_f の磁束 Φ との間にトルクが発生し，反発電動機として運転する。印加電圧 V を変えれば速度制御ができ，W_f または W_c の接続を変えれば逆転する。この W_c と W_f を FF′ 軸上の 1 巻線 W で置き換えたものがすなわち，ブラシ

152   6. 各種電動機

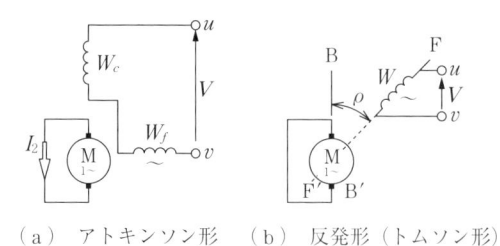

（a）アトキンソン形　（b）反発形（トムソン形）

図6.4　単相反発電動機

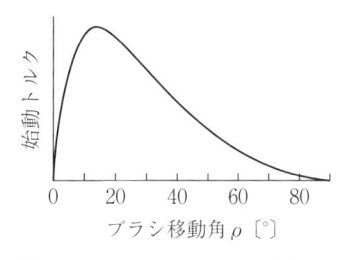

図6.5　トムソン形反発電動機の ρ と始動トルク

BB′軸を FF′軸より反時計方向に角度 ρ だけ移したものが，図6.4（b）のトムソン形反発電動機（Thomson repulsion motor）で，最も多く使用されている。回転方向は，BB′軸が FF′軸より反時計方向の場合は左回りであり，時計方向に移せば右回りに回る。

図6.5 にトムソン形反発電動機のブラシ移動角 ρ と始動トルクの関係を示す。最大始動トルクは ρ が $\pi/12$ rad（15°）付近で発生し，定格トルクの 400 ～ 500 % 程度で，始動電流は 200 ～ 300 % 程度である。

図6.6 は各ブラシ位置における，トルク－速度・電流特性の一例で，直巻特性を示している。ρ を変えて円滑な始動と速度制御ができる。

反発電動機として始動し，速度が上がると遠心力を利用して整流子側面を短絡する誘導電動機を**反発始動形単相誘導電動機**（repulsion-start single-phase induction motor）という。

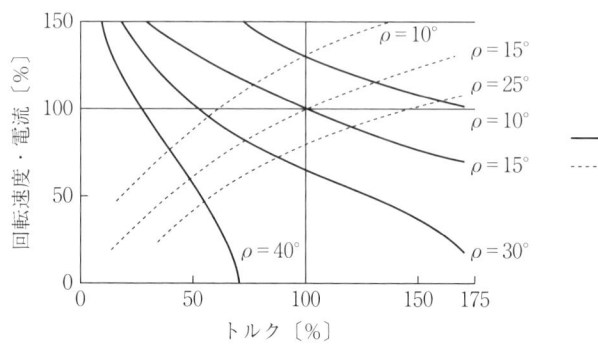

図6.6　反発電動機のトルク特性

6.2 永久磁石電動機(モータ)

6.2.1 スロット形直流モータ

図6.7はスロット形直流モータ(三相電機子巻線直流モータ)の原理である。ブラシと整流子の働きによってコイルに流れる電流が切り替えられて,回転子と界磁用永久磁石との間に吸引力と反発力を生じる。ブラシに印加する電圧を逆にすればモータは逆方向に回転する。図6.8はスロット形直流モータの外観である。

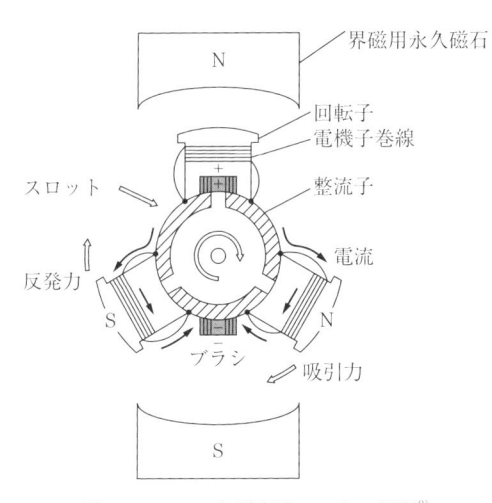

図6.7 スロット形直流モータの原理[8]

図6.8 スロット形直流モータの外観 (3 V・8 900 min^{-1} 負荷10 g−cm)

6.2.2 コアレス直流モータ

コアレス直流モータは,巻線をエポキシ樹脂などで固めたカップ状のコイルを回転子として使用する。このコイルが固定子としての永久磁石を包み込んでいる。回転子に接続されたブラシと整流子の働きによって,流れる電流が切り替えられる。回転子の応答性がよく,約90%の高効率で小形化しやすく回転速度を制御できる。一方で,鉄心がないので磁束密度が下がりトルクが低く,

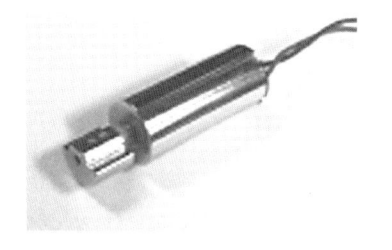

図 6.9 振動用超小形モータ

高価な希土類磁石が必要である。

図 6.9 は携帯電話のバイブレータに使用される，直径約 6 mm，長さ約 13 mm の超小形モータである。軸の先端にアンバランスの分銅を付けて回転させる。

6.2.3 永久磁石同期電動機

永久磁石同期電動機（permanent synchronous motor：**PMSM**）は**ブラシレス直流電動機**（brushless d.c. motor：**BLDC motor**）ともいわれ，図 6.10 に示すように，回転子の位置を検出して，インバータにより三相同期電動機を通電制御する方式である。逆起電力と電流が同相になるように，U，V，W 相の通電を切り替えると効率は最高になる。

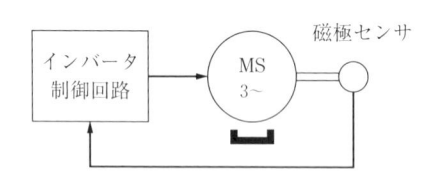

図 6.10 永久磁石同期電動機の基本構成

パワーエレクトロニクスの発展により，大きなトルクを広い速度範囲でコントロールすることが可能になり，さらに 1980 年代に入って Nd-Fe-B 系（ネオジム系）の強力な磁石が登場してから盛んに開発が行われるようになった。

一般の直流電動機との違いは，電機子が固定子になり，界磁極を永久磁石に置き換えて回転子としている。すなわち，同期電動機と同様の構成で永久磁石を用いた交流機である。直流電動機に比べて整流子がないため，小形軽量で省保守，界磁コイルやブラシでの損失がないため高効率になる。

回転子は，**図 6.11** のように**表面磁石形**（surface permanent model：**SPM**）と，**埋込み磁石形**（inner permanent model：**IPM**）の 2 種類があり，可変速用には IPM が多く用いられる。**図 6.12** は IPM の例である。一般的には SPM は磁石トルクで全体のトルク発生を，IPM は磁石トルクとリラクタンストルク

6.2 永久磁石電動機（モータ）

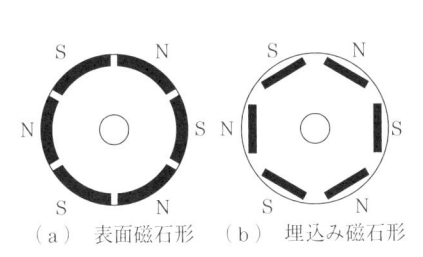

（a）表面磁石形　（b）埋込み磁石形

図 6.11　回転子の種類

図 6.12　IPM の例

の両方でトルクを発生する。

図 6.13 は永久磁石トルクの発生原理で，回転子（永久磁石）の N・S 極と界磁の N・S 極の間で，吸引力と反発力が働いて回転することがわかる。図 6.14 はリラクタンストルクの発生原理であり，回転子鉄心が磁極によって吸引されることでトルクを発生することがわかる。

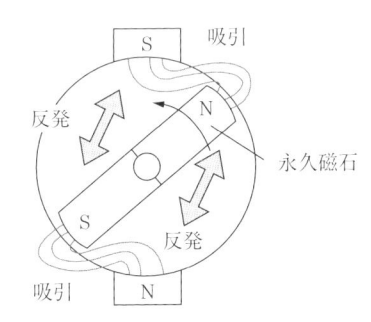

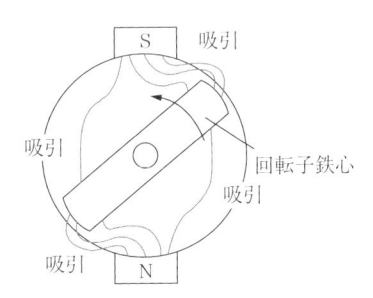

図 6.13　永久磁石トルクの発生原理

図 6.14　リラクタンストルクの発生原理

SPM と IPM の特徴は，一般的に表 6.1 のようにいわれている。高磁束密度の永久磁石を用いることで高い効率が得られる。容量にもよるが，定格出力

表 6.1　永久磁石同期電動機の回転子の磁極構成と特徴

	SPM	IPM
有効磁束量	○	□
弱め界磁制御性	□	○
リラクタンストルク	□	○
トルクリプル	○	□

（注）○：優れている　□：普通

200 kW クラスでは 95 ～ 97 ％の効率が得られ，損失は半減する．

例えば，エアコンの電動機には当初，誘導電動機が用いられていたが，SPM 回転子（効率 90 ％），さらに IPM 回転子（効率 95 ％）へと移行しており，高効率化している．家電機器や電気自動車，あるいは産業用に永久磁石同期電動機が多数用いられている．2010 年代になり，電気鉄道の電動機にも使用されるようになってきている．

6.2.4　誘導同期永久磁石電動機

同期電動機は，永久磁石で界磁を作ると損失が小さく効率が高いが，自己起動ができない．そこで図 6.15 のように同期電動機の回転子の周辺にかご形導体を配置して，誘導電動機と同期電動機を複合させたものである．誘導電動機の原理で起動し，定常時は永久磁石同期電動機として運転する方式であり，始動用のインバータは不要で，高効率が得られる．

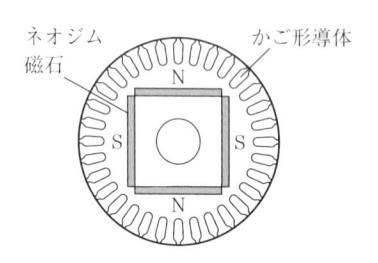

図 6.15　誘導同期永久磁石電動機の回転子（出典：日経メカニカル）

6.3　ステッピングモータ

6.3.1　基本構成

ステッピングモータ（stepping motor）は，**パルスモータ**ともいわれている．

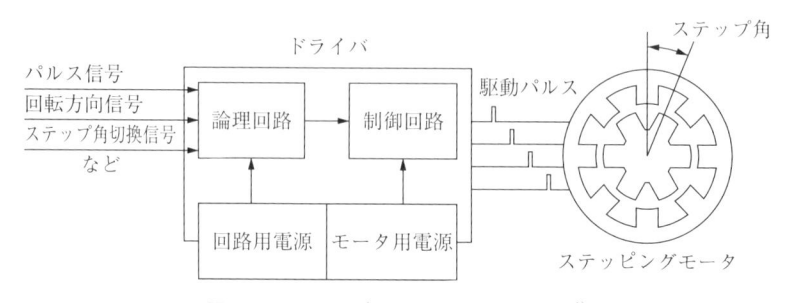

図 6.16　ステッピングモータの基本構成[1]

連続的な回転運動ではなく，1個の入力パルスに対して回転子が一定のステップ角だけ回転する電動機である。**図 6.16** はステッピングモータの基本構成であり，駆動回路が必要である。

OA 機器や産業用機器に使用される重要なモータである。例えば，パソコンのハードディスクやデジタルカメラの焦点合わせに使用されている。

6.3.2 各種ステッピングモータ

ステッピングモータは，構造から次の3種類に分類される。

（1） 可変リラクタンス形　可変リラクタンス（variable reluctance：**VR**）形は**歯車状鉄心形**とも呼ばれ，構造が簡単であるが永久磁石を使用していないため，無励磁時の保持トルクがなく，多くは使用されていない。

図 6.17 は最も簡単な構造であり，6個の固定子の磁極に三相巻線が設けられており，回転子は巻線がなく，4個の突極を持っている。1パルスごとに $\pi/6$（30°）ずつ

図 6.17　VR 形ステッピングモータの構造

回転する。さらに，固定子および回転子の極数を2倍にすれば，1パルス当り $\pi/12$（15°）ずつ回転する。可変リラクタンスは可変磁気抵抗の意味である。

リラクタンストルクの発生原理は，図 6.14 に示したとおりである。VR 形ステッピングモータと同じ構造で，回転子の位置によって通電する巻線を切り替えて回転するモータをスイッチド・リラクタンスモータ（SRM）という。ブラシレスモータの一種であり，磁石が不要で高速に適するが制御しにくい。

（2） 永久磁石形　永久磁石（permanent magnet：**PM**）形は，**図 6.18** に示すように回転子が永久磁石になっており，無励磁の状態でも保持力が働くのが特徴である。構造が簡単で安価であり比較的特性がよいので，超小形のものが多数使われている。構造的にステップ角を小さくすることができない。

（3） 複　合　形　複合（hybrid：**HB**）形は，可変リラクタンス形と永

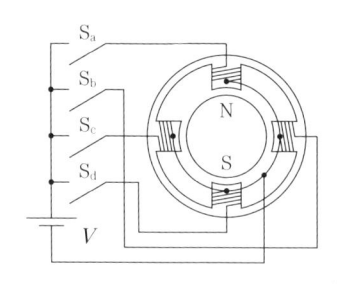

図 6.18　PM 形ステッピングモータ[1]　　図 6.19　HB 形ステッピングモータの外観例
　　　　　　　　　　　　　　　　　　　　　　（42 mm　ステッピングモータ　12 V・二相）

久磁石形の両方の構造を持った電動機である。構造が複雑で高価であるが，特性がよく，小さいステップ角が得られるので，一般的に使用されている。図6.19 に HB 形ステッピングモータの外観例を示す。

6.4　サーボモータ

　機械的な位置などの目標値の変化に追随して変化させる自動制御系をサーボ機構といい，その動力となる機械を**サーボモータ**（servo motor）という。始動，停止，制動，逆転などを頻繁に行うため，制御応答性のよいことが望まれる。サーボモータは回転子の速度や位置を検出しながら制御指令を与える必要がある。電源により直流サーボモータと交流サーボモータに分類される。

6.4.1　直流サーボモータ

　直流サーボモータには，他励電動機や永久磁石電動機が使用される。慣性体のモーメント J は，回転体の直径 D（m）とその質量 G（kg）から

$$J = \frac{GD^2}{4} \quad (\mathrm{kg \cdot m^2}) \tag{6.1}$$

で表される。

　慣性を小さくするには，質量 G を減らすか，直径 D を減らすことが考えられる。質量を減らした方式には，電機子の軸方向長さを短くして薄くしたディ

6.4 サーボモータ

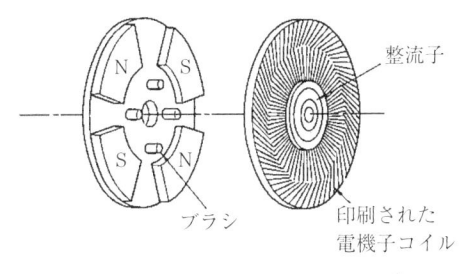

図 6.20 ディスク形プリントモータ[1]

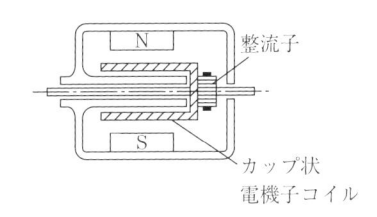

図 6.21 カップ形プリントモータ[1]

スク形プリントモータ（print motor）（図 6.20）や電機子をカップ状にしたカップ形プリントモータ（図 6.21）などがある。

電機子直径を小さくし，軸方向を長くしたものには，ミナーシャモータ（Minertia motor，低慣性モータ）がある。サーボモータには指令に従って電圧を制御する駆動電源を必要とする。これにはチョッパやインバータがある。さらに，電動機の速度や位置を検出するセンサが必要である。

6.4.2 交流サーボモータ

交流サーボモータは直流サーボモータに比較して，整流による制約がない長所がある。交流サーボモータは，同期電動機式と誘導電動機式に大別されるが，図 6.22 に二相誘導電動機式の二相サーボモータを示す。励磁巻線 W_m と制御巻線 W_c の二相巻線を持つかご形誘導電動機であり，励磁巻線の電圧 V_m をコンデンサ C により $\pi/2$ 位相を進めている。

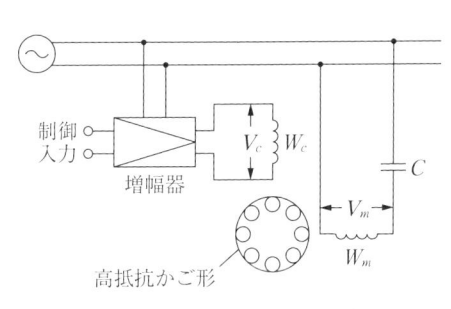

図 6.22 二相サーボモータ[3]

制御入力は増幅器により制御巻線に加える電圧 V_c の大きさと極性を変えて，速度を制御する。慣性を少なくするために回転子を細長くしたり，カップ形回転子にしている。

6.5 リニアモータ

6.5.1 各種リニアモータ

リニアモータは高速鉄道への利用が脚光を浴びているが，そのほかに，リニアエレベータ，工場内での搬送・工作機械の位置決めなどのFA（factory automation）機器，ディスクドライブ装置などのICT（information and communication technology）機器，プリンタなどのOA機器，カーテンドアの開閉などに用いられている。

リニアモータは**図6.23**のように，回転形電動機の固定子および回転子の一部を切り開き，直線状に展開したものである。

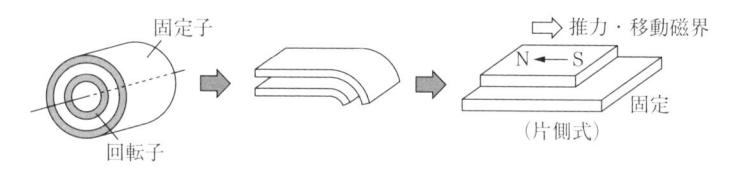

図6.23 回転形電動機からリニアモータへ

（１）**リニア誘導モータ**（linear induction motor：**LIM**）　回転形誘導電動機を軸方向に切り開いたもので，巻線形とかご形がある。誘導電動機は空隙が増加すると推力が大幅に減少するため，一次側と二次側の空隙を小さく抑える必要がある。端効果が顕著で，高速で推力，力率，効率が低下する。

極ピッチをτ(m)，供給周波数をf(Hz)とすれば，同期速度は

$$v_0 = 2f\tau \quad (\text{m/s}) \tag{6.2}$$

である。片側を固定すれば，あるすべりsをもって動く。

$$v = 2f\tau(1-s) \quad (\text{m/s}) \tag{6.3}$$

（２）**リニア同期モータ**（linear synchronous motor：**LSM**）　回転形同期電動機を横方向に切り開き，直線状に展開して直線運動を行う電動機である。界磁として交互にN-S極の強力な磁石を並べ，界磁と同一ピッチで電機子を

対向して進行方向に力が発生するように電流を流す。界磁には，永久磁石，超電導磁石，または電磁石が用いられる。同期速度は式（6.2）となる。

（3） **リニア直流（サイリスタ）モータ**（linear d.c. motor，**LDM**：linear thyristor motor：**LTM**）　回転形の直流電動機を切り開いたもので，ブラシと整流子を電子回路で実現している。

6.5.2　リニアモータを用いた交通システム

リニアモータが非粘着駆動であることによる，登坂能力の高さ，車体断面の低減などから，都市交通システムとして実用化されている。

また，直線状の駆動力を非粘着，非接触で発生することから，浮上式鉄道の駆動方式として最適である。**表6.2**にリニアモータを用いた交通システムのおもなものを示す。

表6.2　リニアモータを用いた交通システム

種　類			車輪支持	吸引浮上	誘導浮上[1]
車上一次	誘導モータ片側		リニア地下鉄	リニモ	
地上一次			スカイレール		
	同期モータ	永久磁石		M-Bahn	
		電磁石		トランスラピッド	
		超電導磁石			JR浮上式

注（1）　吸引反発併用方式

（1） **車輪支持リニアモータ電車**[9]　車輪支持形リニアモータ電車（**リニア地下鉄**，linear metro）は，推進にリニアモータを利用し，車体の支持・案内は車輪で行う方式である。日本では，車上一次方式のリニア地下鉄が1990年から大阪市営地下鉄7号線で，1991年に東京都営地下鉄12号線（大江戸線）などで，最高速度70 km/hで実用化している。

図6.24はリニア地下鉄の断面で，リニア誘導モータの一次側を台車に取り付け，二次導体としてアルミニウム（高速区間）または銅（起動・停止区間）のリアクションプレートを軌道中央のまくらぎに固定する方式である。**図6.25**は都営地下鉄大江戸線の12-600形電車であり，レールの中央にリアク

162   6. 各種電動機

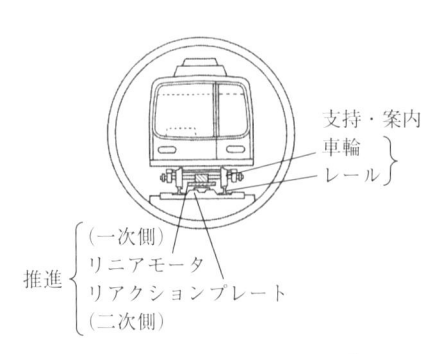

図 6.24 リニア地下鉄の断面[9]

図 6.25 東京都営地下鉄大江戸線 12-600 形電車（レール中央がリアクションプレート）

ションプレートが見える。

電気方式は直流 1 500 V を用いており，架空電車線とパンタグラフを用いて集電している。リニアモータのギャップは 12 mm 程度で，一次コイルに交流電流を流して移動磁界を発生させ，リアクションプレートに誘導される渦電流との間で発生する磁気力を駆動力とする。車両の推進は VVVF（可変電圧可変周波数）インバータでリニア誘導モータを駆動して行う。

（2）**HSST**[9]　HSST（high speed surface transport）は**常電導吸引式磁気浮上方式** LIM 駆動の鉄道で，モジュール方式の開発が進められ，2005 年 3 月に愛知県の東部丘陵線「リニモ，Linimo」として，「愛・地球博」に合わせて 3 両編成・最高速度 100 km/h で実用化された。リニモの外観を**図 6.26** に，推進・浮上部（モジュール）の構造を**図 6.27** に示す。

浮上力および案内力を発生するマグネット 4 個と，推進力を発生するリニア誘導モータ 1 個などをまとめてユニット化したものをモジュールという。1 車両に片側 5 個，左右合計で 10 個のモジュールを配置して，荷重を均等に分散させている。

① **浮上案内方式**　浮上案内には，常電導吸引式浮上案内兼用電磁石方式を用いている。車両に取り付けた U 字形の電磁石が数百 Hz のチョッピング周波数による吸引浮上制御で，T 字形のガイドウェイの左右両側にある逆 U 字

6.5 リニアモータ

図 6.26 リニモの外観

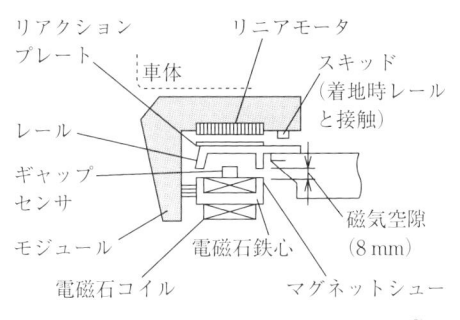

図 6.27 推進・浮上案内部（モジュール）[9]

形の鉄製レールに吸着し，車体を約 1 cm 浮上させる。

② **推進方式** 推進は車上一次方式であり，車体の両側にあるリニア誘導モータが走行路のリアクションプレート（アルミ板）と作用して推進する。リニア誘導モータは VVVF インバータを用いて，すべり周波数一定制御方式としている。電気方式は直流 1 500 V であり，線路横の剛体架線を用いている。

（3） **超電導磁気浮上式鉄道**[9]　超電導磁気浮上式鉄道 (magnetic levitated transport system：Maglev) は，超電導磁気浮上とリニア同期モータを組み合わせた方式で 1979 年に宮崎実験線で実験が始まり，次いで，1997 年から山梨実験線で設計最高速度 550 km/h の走行試験が行われている。

超電導は，ニオブ・チタンのような金属を，絶対零度（−273 ℃）近くまで冷却したときに，電気抵抗が零になる現象で，強力な**超電導磁石**（super conducting magnet）を得ることができる。推進は地上一次リニア同期モータを用いており，車両の台車に取り付けられた超電導磁石が同期モータの回転子の界磁巻線，地上の側壁に取り付けられた推進コイルが固定子巻線に相当する。

① **推進方式** 図 6.28 は山梨実験線用車両（MLX01）である。図 6.29 は推進の原理であり，N−S 極が吸引力，N−N 極および S−S 極が反発力を発生して進む様子を示している。実際には，車上界磁の N−S 極と地上固定子巻線の三相（U−V−W 相）が相対しており，N−S 極の中心間隔を極ピッチとして，同期速度は式 (6.2) となる。推進コイルには，図 6.30 に示すように 3 系の変換器（コンバータ＋VVVF インバータ）から可変電圧可変周波数の三相交流を発生

6. 各種電動機

(a) MLX01車両（鉄道総合技術研究所）　　(b) 見学センターより実験線

図6.28　山梨実験線

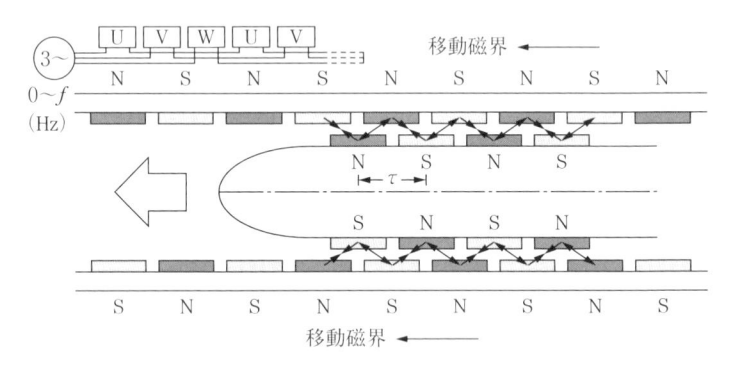

図6.29　リニア同期モータ方式鉄道の推進の原理

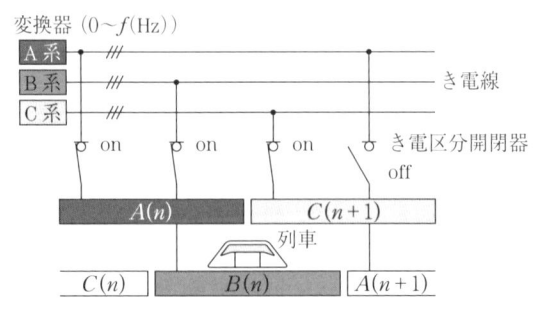

図6.30　地上コイルへの電力供給方式

し，き電線と，き電区分開閉器を介して，車両の存在するセクションに給電し，移動磁界を発生させて推引力を得る。商用周波数程度で最高速度が得られる。

② **浮上案内方式** 浮上・案内は，制御の不要な誘導式磁気浮上システムである．図 6.31 に示すように側壁表面には 8 の字の浮上・案内コイルが設置され，浮上時は超電導磁石が 8 の字コイルの中心高さから上下に変位すると，誘導電流が流れて一定の浮上高さを保つ．超電導磁石中心が下側に変位した状態で約 10 cm 浮上する．低速では浮上力は得られないので，浮上力が得られる速度まで車輪で支持し，その後 150 km/h 程度で車輪を格納して浮上走行する．

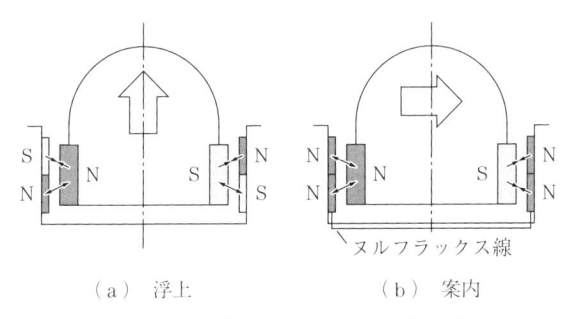

(a) 浮上　　　　　(b) 案内

図 6.31　超電導磁気浮上の浮上・案内原理

案内も同様の原理で，車両が左右に変位すると，ヌルフラックス線を通して車両が近づいたほうのコイルには反発力，車両が離れたほうのコイルには吸引力が働くように，誘導電流が流れて復元力を発生する．

③ **車内電源** 超電導磁石の冷凍機，照明や空調など車両内で使用する電力は，10 kHz 未満の高い周波数の電気を用いて，非接触で電力を地上から車上へ供給する誘導集電を用いる．

演 習 問 題

【6.1】 普通の直流電動機を交流電源で使用すると，どのような不都合を生じるかを述べ，その解決法を示せ．
【6.2】 交流整流子電動機の用途を述べ，その用途に用いられる理由を示せ．
【6.3】 永久磁石同期電動機の動作原理を簡単に述べよ．
【6.4】 サーボモータの特徴を述べよ．
【6.5】 リニア誘導モータの構造を述べよ．

7. 電力用コンデンサ・静止形無効電力補償装置

　コンデンサは電気（電荷）をためる素子で，直流電流はカットされるが，交流電流は周波数が低い場合には流れにくく，周波数が高い場合には流れやすくなる。このため，交流電流の波形改善やサージ電流の吸収も行える。また，リアクトルと組み合わせて，特定の周波数の電流を流れやすくすることもできる。
　電源と並列に接続して力率改善（並列コンデンサ）や，波形改善（フィルタ），直列に接続して線路や変圧器のリアクタンス補償（直列コンデンサ）などに使用される。
　英語圏では，電気容量（capacity）から**キャパシタ**（capacitor）と呼ばれる。日本では，電気を圧縮してため込む働きから「蓄電器」と呼び，濃縮の意味から**コンデンサ**（condenser）と呼ばれている。
　さらに，パワーエレクトロニクス技術の進展に伴い，逆阻止サイリスタを用いて電力用コンデンサの容量を制御する他励式無効電力補償装置が開発されるとともに，自己消弧形の半導体素子を用いて自励式インバータにより無効電力制御や有効電力の融通を行う自励式無効電力補償装置が開発され，電力系統の安定化用として用いられている。

7.1 コンデンサの原理と構造

7.1.1 電極形状と静電容量

　一般に電力用コンデンサは平行平板コンデンサが用いられる。**図7.1**に示すコンデンサの**静電容量**（capacitance）は面積を S （m^2），間隔を d （m）として

$$C = \frac{\varepsilon S}{d} = \frac{\varepsilon_S \varepsilon_0 S}{d} \quad \text{(F)} \tag{7.1}$$

で表される。ここで，εは誘電体の誘電率で，真空（空気）の誘電率ε_0は

$$\varepsilon_0 = \frac{1}{4\pi \times 9 \times 10^9} = 8.855 \times 10^{-12} \quad (\text{F/m})$$

で表され，ε_Sは比誘電率で，空気中では1，油などの大きいものでは3～7である。

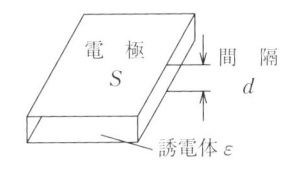

図7.1　平行平板コンデンサの形状

7.1.2　コンデンサの基本特性

（1）**電荷の蓄積と放電**　コンデンサは電荷を蓄積し，外部回路が構成されると，その電荷を急激に放電する作用を持っている。

（2）**進相作用**　コンデンサは与えられた交流電圧に対して$\pi/2$ rad進んだ電流を流す作用を持っている。このため，**進相コンデンサ**（advanced phase capacitor）として用いられ，力率改善が行われる。

（3）**高周波通過作用**　コンデンサのリアクタンスは周波数と静電容量に反比例する。周波数が高くなるとリアクタンスは減少し，高周波電流を通過させる。この作用のため，リアクトルと組み合わせて**高調波フィルタ**（harmonic filter）として使用される。

7.1.3　コンデンサの基本構造[10]

コンデンサは構造や絶縁体の種類および用途によって使い分けられ，**図7.2**のように分類される。ここでは，固定コンデンサについて述べる。

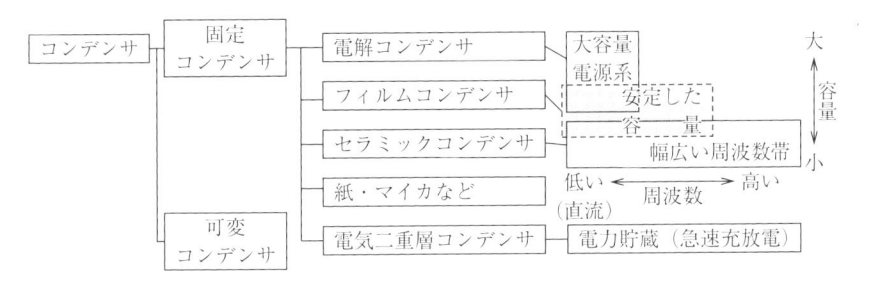

図7.2　コンデンサの分類および用途

（1）民　生　用　　コンデンサはインバータの平滑用，半導体オフ時のサージ電圧を抑制するスナバ（snubber）用などのほか，さまざまな機器のモータ駆動用，力率改善用，雑音防止用など，広い用途に使用されている。今日のエレクトロニクスの進歩により，自動車や家電分野，OA，ICT 機器など，コンデンサはさまざまな分野で適用されている。

　民生分野のコンデンサには**電解コンデンサ**（図 7.3）やセラミックコンデンサ（図 7.4）などがあるが，電解コンデンサは有極性で寿命が短くセラミックコンデンサは容量が小さいため，**フィルムコンデンサ**（film capacitor）が幅広く使用されている。

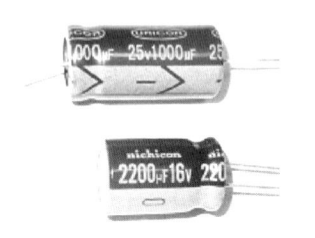

図 7.3　電解コンデンサの例　　　図 7.4　セラミックコンデンサの例

　フィルムコンデンサは交流でも直流でも使用できること，寿命が長いこと，温度による静電容量の変化が少ないこと，周波数特性もよく，損失が小さく大電流が流せるなどの特徴があり，コンデンサとしては優れていることから，さまざまな用途で使用されている。

　図 7.5 は，電子回路用フィルムコンデンサの構造例である。フィルムコンデ

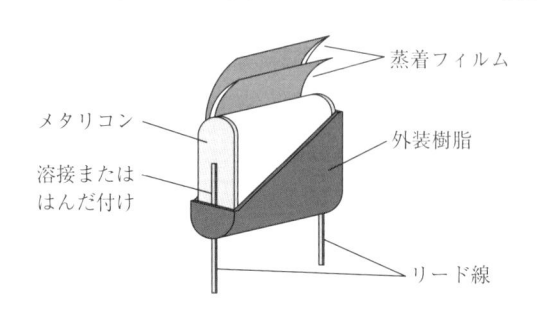

図 7.5　電子回路用フィルムコンデンサの構造

ンサには,誘電体となるプラスチックフィルム上にアルミニウムなどの金属を蒸着したものを巻く蒸着電極タイプと,電極にアルミニウム箔などの金属箔を使用し,誘電体であるプラスチックフィルムと一緒に巻く箔電極タイプの2種類がある。その電極部に金属溶射(メタリコン)を施したのち,リード線を接続して電極を引き出し,エポキシなどの樹脂で外装を覆うのが一般的である。

(2) 電気二重層コンデンサ

a. 原理 電極間に電解液を満たした状態で電位を加えると,電場によって電解液中の電解質(イオン)が移動し,正極にはマイナスイオンが,負極にはプラスイオンが集まり,電極との界面にイオンが整列する。このように固体(電極)と液体(電解液)の界面に正負の電荷がきわめて短い距離を隔てて整列した層を電気二重層という。

電気二重層コンデンサ(electric double layer capacitor:EDLC)は,電気二重層を利用した電力貯蔵デバイスであり,二重層に外部から電圧を加え電荷を蓄積し,外部に負荷を接続し電荷を放出する。**電気二重層キャパシタ**ともいわれる。

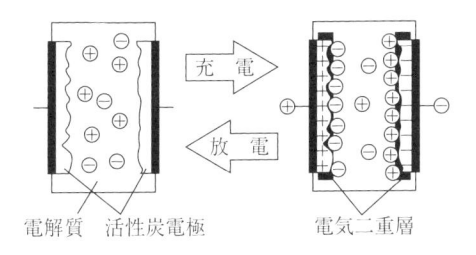

図7.6は電気二重層コンデンサの原理である。電極には比表面積がきわめて大きい活性炭を用いる例が多い。高エネルギー電気二重層コンデンサ用にアルミ多孔体電極も開発されている。

図7.6 電気二重層コンデンサの原理

電解質　活性炭電極　　電気二重層

充電が進むにつれて吸着イオン数が増加し,極間電圧は上昇する。一つのセルで2.0〜2.7Vの電圧が得られる。放電時は吸着したイオンが電極表面から離脱し,極間電圧は低下する。

b. 構造 電気二重層コンデンサの構造には平形と筒形がある。平形EDLCは複数のセルから構成されており,セルを直列接続(バイポーラ形)

7. 電力用コンデンサ・静止形無効電力補償装置

して単体で高い電圧を得ることができる。スペース効率が高いことから瞬時電圧低下補償装置や電気鉄道分野などの大容量電力貯蔵装置などに使用されている。また，並列接続（モノポーラ形）は隣り合うセルを並列に接続することで，大容量を得ることができる。図7.7 は直列接続形（バイポーラ形）の内部構造と外観である。

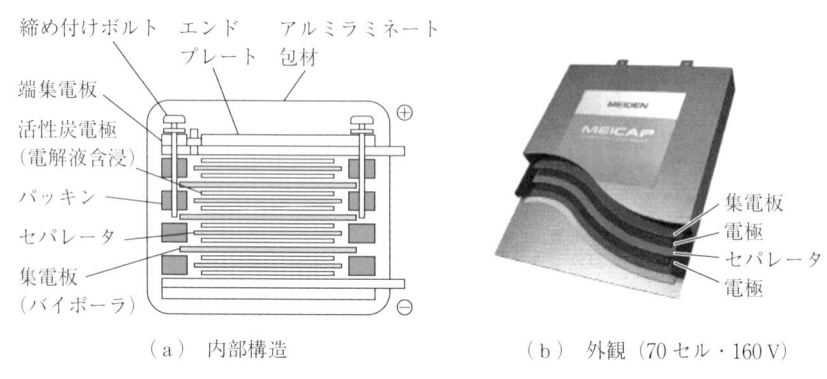

（a）内部構造　　　　　（b）外観（70セル・160 V）

図 7.7 平形（直列接続形）電気二重層コンデンサの構造
（株式会社明電舎のパンフレットより）

筒形の電気二重層コンデンサは，「コイン形」と「円筒形（巻回形）」に大別される。いずれも 2.5 V 程度の定格電圧であり，前者は小形高エネルギー密度で，おもに IC メモリのバックアップ用に用いられる。後者は大形低抵抗で大電流放電用途に適しており，電池の補助電源として負荷平準化や瞬発力を生か

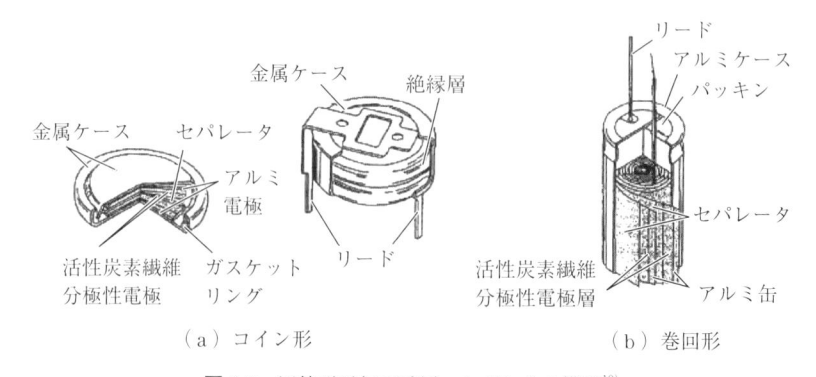

（a）コイン形　　　　　　　　（b）巻回形

図 7.8 円筒形電気二重層コンデンサの構造[10]

した各種パワー装置に用いられる．図 7.8 は円筒形電気二重層コンデンサの構造である．

（3） **電力用コンデンサ**　図 7.9 は 6.6 kV 高圧用缶形コンデンサ，図 7.10 は特別高圧用タンク形コンデンサの外観である．

電力用コンデンサ（power capacitor）は図 7.11 に示すように，アルミ箔を電極とし，その間に数枚の絶縁紙またはプラスチックフィルムを挟んで反物状に巻回したものを素子として製作する．これらの素子を電圧および容量に応じて直並列に結線・集合させ定格電圧に耐えるようにしたものを図 7.12 に示すようなタンク内に収納し，絶縁油を含浸したものである．

図 7.9　缶形高圧コンデンサ
（三相 6.6 kV・266 kvar）

図 7.10　特別高圧用コンデンサ
（三相中の 1 相・22 kV・6 667 kvar）

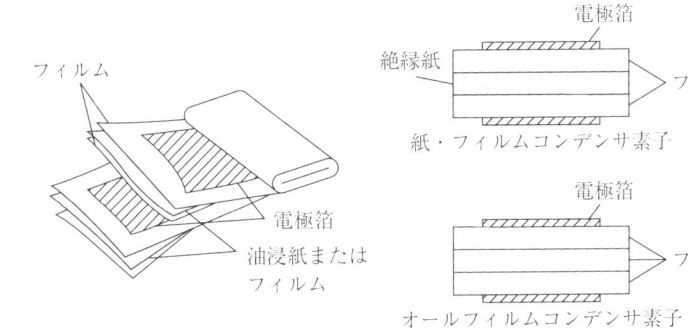

図 7.11　フィルムコンデンサ素子の構造

172   7. 電力用コンデンサ・静止形無効電力補償装置

油量調整装置
がいし
コンデンサタンク
コンデンサ素子

図 7.12 タンク形コンデンサの外観

従来は 5 〜 6 枚のクラフト紙を含浸した紙コンデンサが使用されていたが，1979 年（昭和 54 年）頃から絶縁紙とポリプロピレンフィルムの組合せ，またはポリプロピレンフィルム単独に多環芳香族炭化水素系絶縁油（JIS C 2320：4 種 2 号または 5 種 2 号油）を含浸したフィルムコンデンサに切り替わっており，現在では電力用コンデンサのほとんどがこの**フィルムコンデンサ**になっている。

さらに，電力用コンデンサは電極構造の違いから，自己回復性能のある蒸着電極コンデンサ（self-healing：SH コンデンサ）と，自己回復性能のない箔電極コンデンサ（non-self-healing：NH コンデンサ）の 2 種に大別される。SH コンデンサは，誘電体に局部的な欠陥があり局部的な破壊を生じても，この部分の電極膜が蒸発消失して絶縁回復する自己回復性を有している。SH コンデンサは，従来，低圧進相コンデンサなどの低電圧分野に使用されてきたが，近年では高圧分野にも実用化されている。

7.2 並列コンデンサによる力率改善[10]

7.2.1 並列コンデンサの効果と力率改善の原理

並列コンデンサ（**進相コンデンサ**，shunt capacitor）による力率改善は，進み無効電力を発生するコンデンサを負荷の近くに設置して，電源から受けている無効電力の供給をコンデンサによって行うことである。並列コンデンサは力率改善による設備の有効利用のほかに，電圧降下の改善，高調波電流の吸収などの効果がある。

また，電力会社では電力料金の力率割引制度を設けており，基本料金について，力率 85 ％ を基準として，力率が 1 ％ 高くなるごとに料金は 1 ％ 割引され，1 ％ 低くなるごとに料金は 1 ％ 割増される。力率が計量される時間帯は 8 〜 22

時で，月平均の有効電力量と無効電力量の比から算出される。

電力負荷は図7.13に示すように，抵抗RとリアクタンスXの並列の組合せに置くことができる。この関係は図7.14のベクトル図で表される。コンデンサを接続していないときに抵抗に流れる電流をI_R，リアクタンスに流れる電流をI_L，線路に流れる電流をI_0とし，I_0とI_Rの角度をϕ_0とすると力率は$\cos\phi_0$となる。

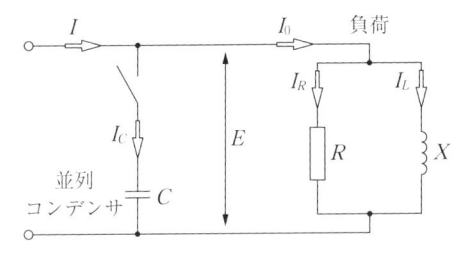

図7.13 電力負荷と並列コンデンサ　　　**図7.14** 力率改善の原理

有効電力がP_R（kW）で負荷力率角がϕ_0の場合，力率角をϕに改善するためのコンデンサ容量Q_C（kvar）は次式で表される。

$$Q_C = P_R(\tan\phi_0 - \tan\phi) = P_R\left(\sqrt{\frac{1}{\cos^2\phi_0}-1} - \sqrt{\frac{1}{\cos^2\phi}-1}\right) \quad (7.2)$$

また，力率$\cos\phi_0$の負荷に容量Q_Cのコンデンサを接続した場合，改善後の力率$\cos\phi$は次式となる。

$$\cos\phi = \cos\left\{\tan^{-1}\left(\tan(\cos^{-1}\cos\phi_0) - \frac{Q_C}{P_R}\right)\right\} \quad (7.3)$$

例えば，力率0.8では有効電力100％に対して無効電力が75％であり，力率1.0に改善すれば，電源のすべての設備容量を25％拡大したことになる。

7.2.2　高調波フィルタ効果

三相電力系統では第5調波以上の高調波が発生する。一方，交流電気鉄道では単相負荷のため，第3調波が発生する。このため，並列コンデンサにフィルタ効果を持たせ，三相電力系統では第5調波を，交流電気鉄道では第3調波を

7. 電力用コンデンサ・静止形無効電力補償装置

吸収することが行われる。並列コンデンサは直列リアクトルを接続して投入時の過渡現象の抑制とフィルタ効果を持たせており、高調波インピーダンスが誘導性になるように考慮されている。直列リアクトルを接続しないと高調波が流入して過負荷になることがあり、注意が必要である。

コンデンサの基本波リアクタンスを X_C、直列リアクトルの基本波リアクタンスを X_L、高調波次数を n とすると、高調波を電源側へ拡大させないためには、次式の関係が必要であり、$α$ をリアクタンス率という。

$$\left. \begin{array}{l} nX_L - \dfrac{X_C}{n} > 0 \\ \\ α = \dfrac{X_L}{X_C} \times 100 \quad (\%) \end{array} \right\} \quad (7.4)$$

高調波次数とリアクタンス率 $α$ の関係を**表7.1**に示す。実用値は臨界値に余裕をみて、誘導性にした標準値である。

表7.1 高調波次数とリアクタンス率

高調波次数		第3	第5	第7
リアクタンス率 $α$ (%)	臨界値	11.1	4.0	2.04
	実用値	12, 13	6.0	6.0
用途		交流電気鉄道	三相電力系統	三相電力系統

(1) 交流電気鉄道用並列コンデンサ　交流電気鉄道では単相負荷のため第3調波を発生するので、$α = 12\%$ または 13% であり、一部の在来線に 15% が用いられる。電車がサイリスタ位相制御からインバータ制御電車に代わって、高力率で高調波も少なくなり、並列コンデンサは小容量になっている。

図7.15は交流電気鉄道について並列コンデンサと高調波電流の分布を示したものである。電気車から発生する高調波は電流源として扱うことができ、並列コンデンサへ分流す

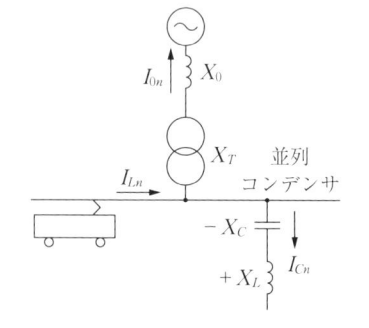

図7.15 並列コンデンサと高調波電流の分布

る高調波と電源へ流れる高調波があり，次式で表される。

$$I_{Cn} = \frac{(X_0 + X_T)n}{(X_0 + X_T)n + (nX_L - X_C/n)} \times I_{Ln}$$
$$I_{0n} = I_{Ln} - I_{Cn}$$
(7.5)

ここで，X_0：電源のリアクタンス，X_T：変圧器のリアクタンス，n：高調波次数，である。一般に，交流電気鉄道では，発生した第3調波電流を並列コンデンサが吸収している。図 7.16 は新幹線用並列コンデンサの外観である。

図 7.16　新幹線用並列コンデンサ
(60 kV・2 Mvar・α = 13 %)

コンデンサ　　リアクトル

（2）**三相用進相コンデンサ（並列コンデンサ）**　　図 7.17 は三相低圧系統用の，力率改善用進相コンデンサと直列リアクトルの例である。三相電力系統では，α = 6 % の進相コンデンサが用いられている。

$$\alpha = \frac{X_L}{X_C/3} \times 100$$

（a）結　線　　　　（b）コンデンサ　　　（c）直列リアクトル

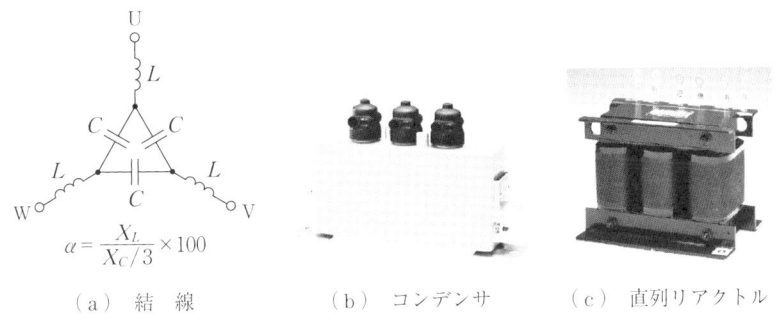

図 7.17　三相用進相コンデンサ（三相 200 V・30 kvar・α = 6 %）

7.3 交流フィルタ[10]

7.3.1 高調波の発生とその対策

最近ではサイリスタなどの半導体応用機器の普及がめざましく,一般家庭におけるインバータ照明,インバータエアコンなど,また業務用のモータ制御や電力変換などにその技術が広く利用されているが,反面,これらの機器にはひずみ電流が流れ,これに含まれる高調波電流によって配電系統の電圧波形がひずみ,この電圧波形のひずみが大きくなると高調波障害が発生することがある。この高調波による障害が予想される場合,その対策方法として

① 高調波の発生量を少なくする(変換器の多パルス化,PWM 制御における制御周波数の高周波化など)
② 影響を受ける側で対策する(機器の高調波耐量を大きくするなど)
③ 系統構成上の配慮を実施する(系統切替え,短絡容量の増加など)
④ 交流フィルタを設置する

が考えられる。① 項の多パルス化は有効な対策方法であるが,② 項,③ 項は一般的に困難な対策であり,特殊なローカル処置が可能な場合に限られる。高調波障害を積極的に抑制する方法としては,④ 項の**交流フィルタ** (a.c. filter) の設置が必要になる。交流フィルタは基本波では進相無効電力を発生するので,力率改善を兼用できる。

7.3.2 交流フィルタの基本回路

一般に電力回路で使用する交流フィルタの基本回路は,**図 7.18**(a),(b) に示す同調フィルタと高次フィルタとなる。同調フィルタは単一高調波の吸収に,高次フィルタは複数の高調波吸収に適用されるが,一般にはこれらを組み合わせて使用する。

7.3 交流フィルタ 177

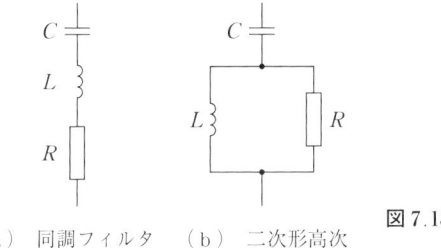

（a）同調フィルタ　（b）二次形高次フィルタ

図 7.18　交流フィルタの基本回路

（1）同調フィルタの特性　同調フィルタは図 7.18（a）のように，単一高調波に共振した L-C-R 回路であり，そのインピーダンス特性は図 7.19 となる。

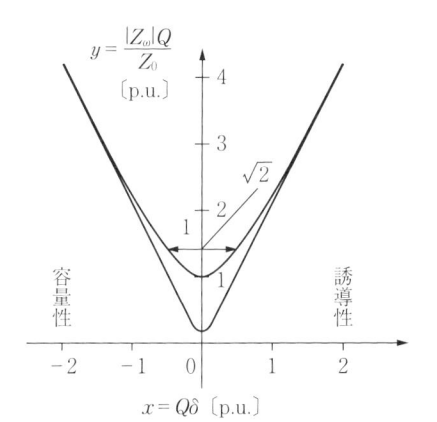

図 7.19　同調フィルタのインピーダンス特性

インピーダンス特性 Z_ω と，共振の鋭さ Q は次式で表される。

$$\left.\begin{array}{l} Z_\omega = R + j\left(\omega L - \dfrac{1}{\omega C}\right) \fallingdotseq R(1+j2\delta Q) \fallingdotseq Z_0\left(\dfrac{1}{Q}+j2\delta\right) \\ Q = \dfrac{\omega_n L}{R} = \dfrac{Z_0}{R} \end{array}\right\} \quad (7.6)$$

ただし，$Z_0 \fallingdotseq \omega_n L = 1/(\omega_n C) = \sqrt{L/C}$　(Ω)，$\delta = (\omega - \omega_n)/\omega_n$，$\omega_n \fallingdotseq 1/\sqrt{LC}$（rad/s）である。

同調フィルタは，基本波容量を大きくするか，またはリアクトルの Q を大きくすることでフィルタインピーダンスを小さくすることができる。したがって，同調フィルタの設計は，基本波容量の選定と Q の選定を実施することに

なるが，Q をあまり大きくするとフィルタの同調ずれにより，大きく高調波吸収効果を失う可能性がある。なお，フィルタの同調ずれは，系統周波数の変動，各機器リアクタンスの温度特性，機器調整ずれによって発生する。

交流フィルタのリアクタンス率は，臨界値（同調点）は，**表 7.2** のようであり，この値より若干誘導性に設計される。

表 7.2 交流フィルタのリアクタンス率

フィルタ次数	第 3 次	第 5 次	第 7 次
リアクタンス率 α (%)（臨界値）	11.1	4.0	2.04

（2）高次フィルタの特性 高次フィルタは広い周波数域で低い抵抗性のインピーダンスを持ち，その特性は**図 7.20** となる。

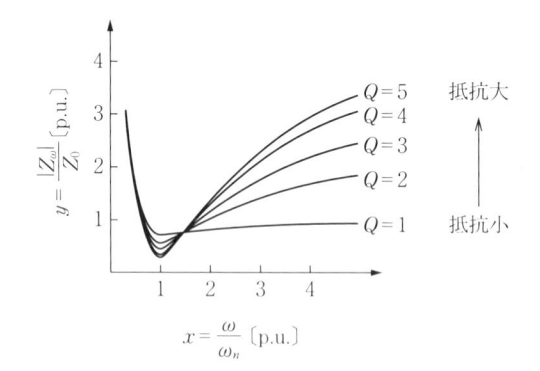

図 7.20 高次フィルタのインピーダンス特性

インピーダンス特性 Z_ω と，共振の鋭さ Q は次式で表される。

$$\left. \begin{aligned} Z_\omega &= \frac{1}{j\omega C} + \left(\frac{1}{R} + \frac{1}{j\omega C} \right)^{-1} \quad (\Omega) \\ Q &= \frac{R}{\omega_n L} = \frac{R}{Z_0} \end{aligned} \right\} \quad (7.7)$$

この特性は，同調フィルタでは抵抗を小さくすれば共振が鋭くなるのに対し，高次フィルタでは抵抗を大きくすれば共振が鋭くなることを示している。なお，高次フィルタの場合，同調周波数付近でも周波数偏差によって影響を受けることはない。

7.4 直列コンデンサ

送電線路は抵抗に比べてリアクタンス分の割合が大きく，リアクタンスと負荷電流の積により電圧降下が発生する。電圧降下対策として，図 7.21 に示すように線路に直列に挿入した**直列コンデンサ**（series capacitor）C によってリアクタンスを補償する方法が行われている。

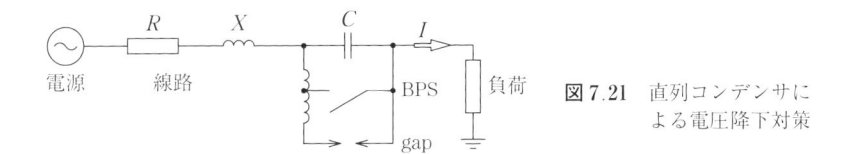

図 7.21 直列コンデンサによる電圧降下対策

送電線路の電圧降下は，I を負荷電流，θ を力率角，$R+jX$ を線路インピーダンスとして

$$\Delta V = I(\cos\theta - j\sin\theta) \times (R + jX) \tag{7.8}$$

であり，直列コンデンサ X_C の設置によって補償される電圧は次式となる。

$$\Delta V = I(\cos\theta - j\sin\theta) \times \{R + j(X - X_C)\} \tag{7.9}$$

直列コンデンサは線路事故時の過電流保護のため，直列コンデンサの端子電圧が過電圧になると，並列に接続された放電間隙（gap）が放電し，側路開閉器（BPS）を短絡してコンデンサを保護している。

7.5 電力変換装置による無効電力補償

電力系統の安定化のために，電力用半導体素子を用いて無効電力を高速かつ連続的に制御する方式として，**静止形無効電力補償装置**（static var compensator：SVC）がある。SVC には逆阻止サイリスタを用いて無効電力を補償する他励式 SVC と，自己消弧形の半導体素子を用いてインバータで無効電力を補償するとともに有効電力を制御する，自励式 SVC がある。

180　　7. 電力用コンデンサ・静止形無効電力補償装置

7.5.1　他励式静止形無効電力補償装置

図 7.22 は電力用に用いられる，大容量のディスク形光点弧サイリスタの外観例である。サイリスタは順電圧が加わってもゲートに信号を加えるまでは導通を阻止しているが，ゲートに信号を加えていったんオン状態になれば，ある一定以上の順電流が流れている限り，オン状態を維持している。

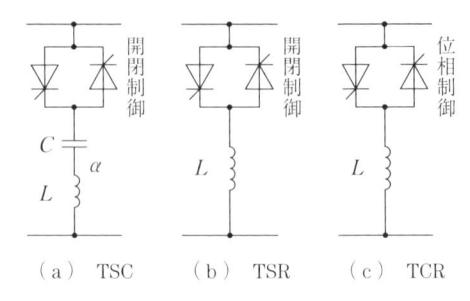

図 7.22　光点弧サイリスタの外観　　　図 7.23　補償容量の制御

（a）TSC　（b）TSR　（c）TCR

サイリスタによる補償容量の制御方法には，図 7.23 に示すように

① サイリスタ開閉制御コンデンサ（thyristor switched capacitor：TSC）

② サイリスタ開閉制御リアクトル（thyristor switched reactor：TSR）

③ サイリスタ位相制御リアクトル（thyristor controlled reactor：TCR）

がある。他励式 SVC（line-commutated SVC）は，これらの方法により無効電力の補償を行う。

（1）**段制御 SVC**　　TSC および TSR は段制御である。投入時の過渡現象を小さくするため，TSR は電圧位相 π/2 でリアクトルを投入する。TSC は過渡現象が発生しないよう図 7.24 に示すように，電源電圧とコンデンサ充電電圧が等しくなる位相の投入に限られる。図 7.25 に TSC 方式 SVC 用サイリスタ装置（電気点弧・純水冷却）の例を示す。

図 7.26 は交流電気鉄道用の段制御 SVC の例であり，き電回路の末端のき電区分所（sectioning post：SP）に設置して，電圧降下を補償している。段制御であるが，TCR 方式に比較して，待機時の損失が少ないのが特徴である。

7.5 電力変換装置による無効電力補償 181

図 7.24 TSC の投入

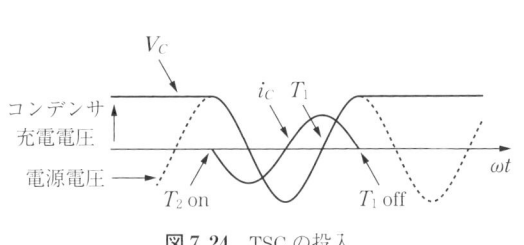

図 7.25 TSC 方式 SVC 用サイリスタ装置（電気点弧）

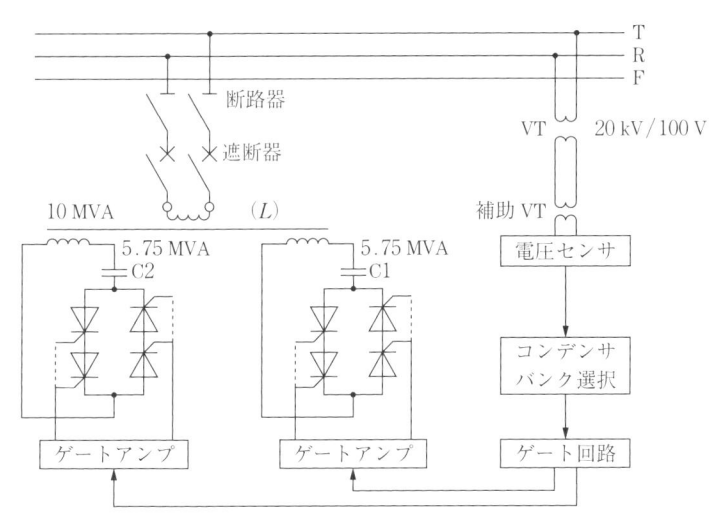

図 7.26 電圧降下対策用段制御 SP-SVC（22 kV・5 MVA×2 段, $\alpha=15\%$）[10]

（2） 連続制御 SVC

a． TCR サイリスタ位相制御はきめ細かい制御が可能である。コンデンサは電圧に対して進み位相のため，サイリスタの位相制御による連続制御ができない。このため，進み無効電力の制御は TCR に固定コンデンサを並列接続して，TCR のサイリスタを位相制御する。図 7.27 は TCR の電流波形であり，高調波を含むので，固定コンデンサとして第 3 調波フィルタや第 5 調波

（a）電流波形　　　　　　（b）制御角と高調波

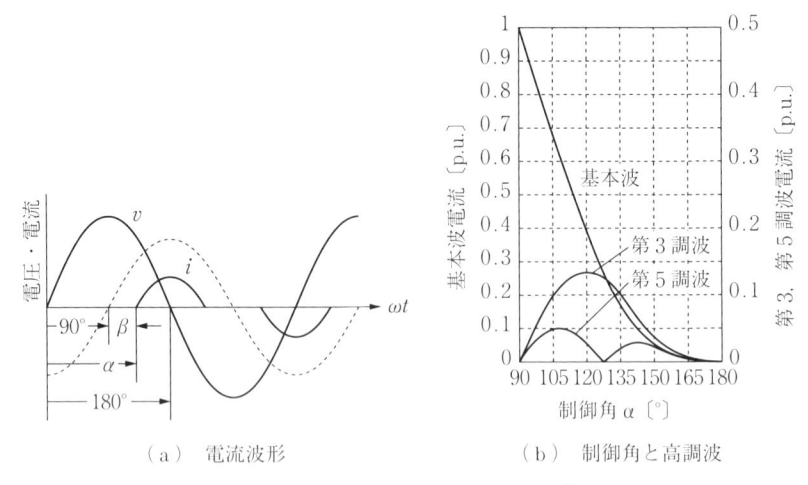

図 7.27　TCR の電流波形（単相分）[10]

フィルタを用いる。

b．TCT　　TCT は高インピーダンス変圧器の二次側で位相制御を行うサイリスタ制御変圧器（thyristor controlled transformer：TCT）と，固定コンデンサを組み合わせて無効電力制御を行う方式である。二次側の電圧が低いため取扱いが容易であり，サイリスタ装置の絶縁も簡単である。

　TCR と同様に高調波を含むので，固定コンデンサとして第 3 調波フィルタ（単相系統）や，第 5 調波フィルタなどを用いる。**図 7.28** は製鋼所アーク炉のフリッカ抑制対策として用いられている，TCT 方式 SVC の構成である。

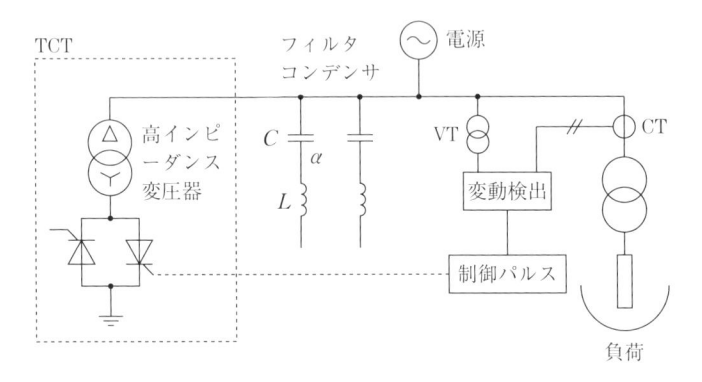

図 7.28　アーク炉のフリッカ抑制用 SVC（TCT 方式）[11]

7.5.2 自励式変換装置による電力制御

（1） 自己消弧形半導体素子の概要 電力用の自己消弧形の半導体素子として，1980年代半ばに定格電圧の高いGTOサイリスタ（gate turn-off thyristor，図7.29）が登場し，チョッパやインバータによる電車の電動機駆動や，電力系統の安定化用として自励式静止形無効電力補償装置（自励式SVC，self-commutated SVC）が開発されている。

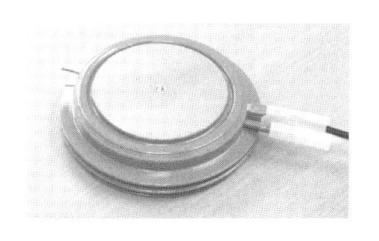

図7.29 GTOサイリスタ
(4.5 kV/3 kA)

その後10年ほどで，外周部にリング状の電極を設けてドライブ回路のインダクタンスを低減したGCTサイリスタ（gate commutated turn-off thyristor，ゲート転流形ターンオフサイリスタ）や，電力制御用バイポーラトランジスタのベース部分に電圧駆動のMOSFETを組み合わせた高速スイッチングのIGBT（insulated gate bipolar transistor，絶縁ゲートバイポーラトランジスタ，図7.30）などが開発され，低損失・高速スイッチングになり移行している。

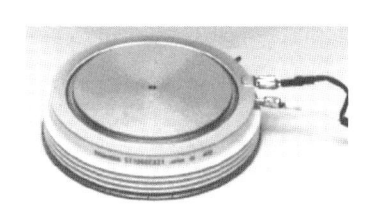

（a） ディスク形素子
(2.5 kV・1 kA)

（b） モジュール形素子
(3.3 kV・1.2 kA)

図7.30 IGBT素子の外観

（2） 自励式静止形無効電力補償装置の基本回路 電力変換装置（インバータ）による自励式静止形無効電力補償装置（SVC）の基本回路を図7.31に示す。GCTインバータユニットの例を図7.32に示す。

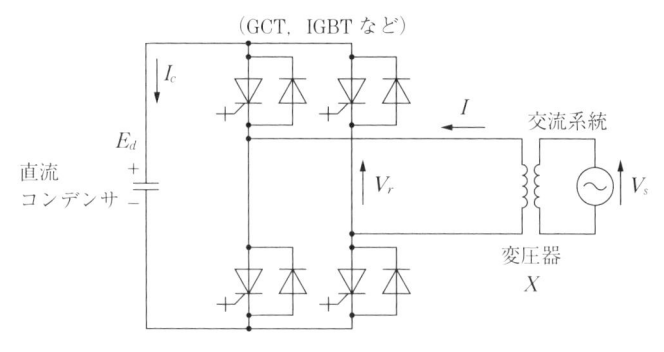

図7.31 自励式SVCの基本回路

図7.32 GCTインバータユニットの例[12]
（中央縦にGCT×4・ダイオード×6）

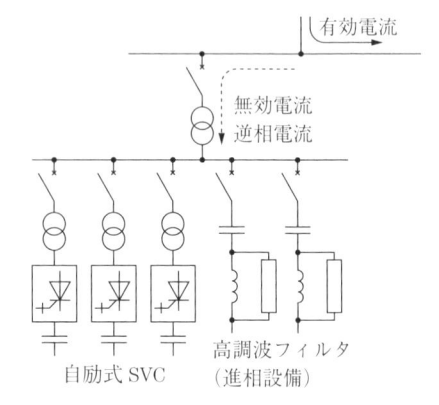

図7.33 三相自励式SVCの主回路構成の例

直流コンデンサには一般にフィルムコンデンサが使用される。系統電圧をV_sとする。インバータの出力電圧V_rは，直流コンデンサCに充電された電圧E_dをインバータで交流電圧に変換することにより作成される。

出力電圧V_rの位相を系統電圧V_sに同期させた状態で，V_rの大きさを制御することにより，V_rとV_sの電圧差で連系リアクトルX（変圧器）に$\pi/2$遅れの電流が流れ無効電力を調整する。V_rとV_sの大きさを同じにすれば，自励式SVCの無効電力出力は零である。

V_rをV_sより大きくすると自励式SVCにはコンデンサとして進相無効電力が流れ，逆にV_rをV_sより小さくすると自励式SVCにはリアクトルとして遅

相無効電力が流れる。また，V_r を V_s より遅れ位相にすると有効電力が蓄積され，進み位相にすると有効電力が供給される。有効電力の授受は合計すれば零である。

（3）**自励式静止形無効電力補償装置による電力系統の安定化**　電力系統を安定に運用するためには，有効電力と無効電力（電圧）を適正に制御する必要がある。従来は，無効電力制御による電力系統の安定運用については，回転形の同期調相機，固定容量の電力コンデンサ，分路リアクトルの開閉制御などにより行われてきたが，応答性が悪いことや，固定容量の場合は開閉時に系統電圧変動が発生するなどの課題があった。これに対し，電力系統で用いる三相自励式無効電力補償装置（SVC）（**図7.33**）は，回転形の同期調相機と同じ原理で，**STATCOM**（static synchronous compensator）と呼ばれ，電圧の感度が非常に高く，送電限界付近でも電圧を動揺させることなく無効電力を調節できる。

（4）**新幹線における電源電圧変動対策**[9]　新幹線など交流電気鉄道において，図7.34に示すように，スコット結線変圧器の二次側のM座とT座で無効電力補償，および直流連系して電力を融通し，一次側の三相を平衡する**電力融通方式電圧変動補償装置**（railway static power conditioner：**RPC**）として用いられている。RPCはき電区分所で用いれば，SP-RPCとして，電圧降下対策や変電所間の電力の融通が可能である。図7.35は新幹線用RPCの例である。

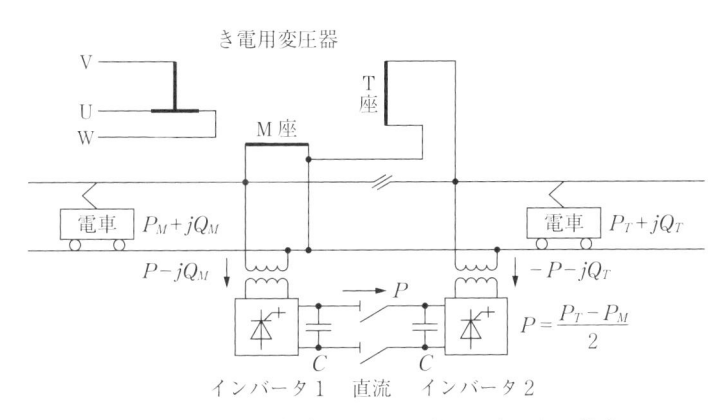

図7.34　電力融通方式電圧変動補償装置（RPC）の構成

(a) インバータ盤
(M座 10 MVA, T座 10 MVA)

(b) インバータ用多重変圧器

図 7.35 新幹線用 RPC 装置（60 kV・10 MVA（融通電力））

演 習 問 題

【7.1】 空気中の平行平板電極で，電極の面積 $S=1\,\mathrm{m}^2$，電極間隔 $d=0.01\,\mathrm{m}$ とすれば，静電容量はいくらか。
【7.2】 並列コンデンサの直列リアクトルの役目について簡単に述べよ。
【7.3】 サイリスタ制御変圧器によるコンデンサ容量の制御（TCT 制御）について，簡単に述べよ。
【7.4】 自励式SVCについて無効電力補償および有効電力制御の原理について述べよ。

引用・参考文献

本書を執筆するにあたり，すでに出版されている多くの書籍を引用または参考にさせていただいた。下記に紹介し深く感謝申し上げる。さらに深く理解したい人や広い知識を求めたい人は，これら以外にも多くの書籍が出版されているので，自分に合ったものを選んで勉学していただきたい。

1) 前田　勉，新谷邦弘：電気機器工学，コロナ社（2001）
2) 猪狩武尚：新版 電気機械学，コロナ社（2001）
3) 佐野一雄：電気機器と演習，エース出版（1981）
4) 電気学会大学講座：電気機器工学Ⅰ 改訂版，オーム社（1987）
5) 電力技術委員会 編：変圧器，日本鉄道電気技術協会（2009）
6) 電気学会 電気鉄道における教育調査専門委員会 編（委員長：持永芳文）：最新 電気鉄道工学（改訂版），コロナ社（2012）
7) 後藤文雄：電機概論，丸善（1959）
8) 海老原大樹：電気機器，共立出版（1998）
9) 持永芳文 編著：電気鉄道技術入門，オーム社（2008）
10) 主査：持永芳文：電力用コンデンサ設備，日本鉄道電気技術協会（2010）
11) 電気学会 静止形無効電力補償装置調査専門委員会（委員長：持永芳文）：静止形無効電力補償装置の現状と動向，電気学会技術報告，第874号（2002）
12) 電気学会 静止形無効電力補償装置の省エネルギー技術調査専門委員会（委員長：持永芳文）：静止形無効電力補償装置の省エネルギー技術，電気学会技術報告，第973号（2004）
13) 深尾　正：電気機器・パワーエレクトロニクス通論，電気学会大学講座，オーム社（2012）
14) 多田隈進，石川芳博，常広　譲：電気機器学基礎論，電気学会，オーム社（2004）
15) 野中作太郎：電気機器，森北出版（1973）
16) 広瀬敬一：電気機器設計 第二次改定版，電気学会（1982）
17) 宮入庄太：最新電気機器学 改定増補，丸善（1979）
18) 堀井武夫：電気機器概論，コロナ社（1978）
19) 広瀬敬一，猪狩武尚：電動力応用（改定版），コロナ社（1958）
20) 電験問題研究会：電気機器の計算演習，電気書院（1974）

演習問題解答のヒント

注） 途中計算式の有効数字は，誤差が出ないよう，解答より1桁以上多くとる．

【1.1】～【1.3】 略

【1.4】 $R_{70} = \dfrac{1}{58} \times \dfrac{100}{100} \times \dfrac{50}{2} \times \{1 + 0.00393(70-20)\}$
$= 0.516\ \Omega$

【2.1】 $720 = 2 \times 0.4 a^2,\ a = 30,\ a \times 110 = 3\,300\ \text{V}$

【2.2】 $g_0 = \dfrac{56\,000}{13\,800^2} = 2.94 \times 10^{-4}$

$Y_0 = \dfrac{38}{13\,800} = 2.754 \times 10^{-3},\ b_0 = \sqrt{27.54^2 - 2.94^2} \times 10^{-4} = 27.38 \times 10^{-4}$

$Z = \dfrac{952}{1\,087} = 0.875\,8,\ R = \dfrac{62\,500}{1\,087^2} = 0.052\,9,\ X = \sqrt{Z^2 - R^2} = 0.874\,2$

$a = \dfrac{63\,500}{13\,800} = 4.601,\ g'_0 = \dfrac{2.941 \times 10^{-4}}{4.601^2} = 1.389 \times 10^{-5}\ \text{S}$

$b'_0 = \dfrac{27.38 \times 10^{-4}}{4.601^2} = 1.293 \times 10^{-4}\ \text{S},\ R' = 0.052\,9 \times 4.601^2 = 1.120\ \Omega$

$X' = 0.874\,2 \times 4.601^2 = 18.51\ \Omega,\ I_{2n} = \dfrac{15\,000 \times 10^3}{13\,800} = 1.087 \times 10^3$

$p = 1.087 \times 10^3 \times 0.052\,9 \times \dfrac{100}{13\,800} = 0.417\ \%$

$q = 1.087 \times 10^3 \times 0.874\,2 \times \dfrac{100}{13\,800} = 6.886\ \%$

$z = \sqrt{p^2 + q^2} = 1.087 \times 10^3 \times 0.875\,8 \times \dfrac{100}{13\,800} = 6.90\ \%$

【2.3】 $\varepsilon'_{(50)} = 0.1 = 0.8 p' + 0.6 q' = 0.8 p' + 0.6 \times 10 p' = 6.8 p',\ p' = 0.1/6.8$

$\varepsilon'_{(60)} = 0.8 p' + 0.6 q' \times \dfrac{60}{50} = 8 p'\ (\text{p.u.}) = 11.76\ \%$

演習問題解答のヒント   *189*

【2.4】 （1） $\eta = \dfrac{8\,000}{8\,000 + P_i + P_c} = \dfrac{2\,000}{2\,000 + P_i + P_c(2/8)^2} = 0.96$

$0.96(8\,000 + P_i + P_c) = 8\,000,\quad 0.96(2\,000 + P_i + P_c/16) = 2\,000$

$P_i = 66.67\,\text{W},\quad P_c = 266.67\,\text{W}$

（2） $\dfrac{d\eta}{dP} = 0,\quad 66.67 = 266.67 \times \left(\dfrac{P}{8\,000}\right)^2,\quad P = 4\,000\,\text{W}$

（3） $\eta_m = \dfrac{4\,000}{4\,000 + 66.67 + 66.67} \times 100 = 96.77\,\%$

【2.5】 $|I_m| = \dfrac{30 \times 10^3}{0.8 \times 3 \times 200} = 62.5,\quad I_m = 62.5\,(0.8 - j0.6)$

二次定格電流： $I_2 = \dfrac{15 \times 10^3}{200} = 75$

$I_{cA} = I_m + \dfrac{2I}{3} = \left|62.5(0.8 - j0.6) + \dfrac{2I}{3}\right| \leq 75$

$50 + \dfrac{2I}{3} \leq \sqrt{75^2 - 37.5^2}$

$I \leq 22.43,\quad \dfrac{30}{100} = 0.3,\quad \dfrac{22.43}{0.3} = 74.8,\quad$全体の電球：$74 \times 2 = 148$ 個

【2.6】 二次相電流：$\dfrac{75 \times 10^3}{3 \times 200} = 125\,\text{A}$，二次線電流：$125 \times \sqrt{3} = 217\,\text{A}$，

一次相電流＝一次線電流：$\dfrac{125}{10} = 12.5\,\text{A}$

一次線間電圧：$V_{1L} = 200 \times 10 \times \sqrt{3} = 3\,464\,\text{V}$

【3.1】 $N_0 = 120 \times \dfrac{50}{6} = 1\,000,\quad f_S = 50\left(\dfrac{40}{1\,000}\right) = 2\,\text{Hz}$

【3.2】 $N_0 = 120 \times \dfrac{50}{4} = 1\,500,\quad s = \dfrac{1\,500 - 1\,425}{1\,500} = 0.05$

$T = \dfrac{40 \times 10^3}{(1\,425/60) \times 2\pi} = 268,\quad s' = \dfrac{0.05 \times 250}{268} = 0.046\,6$

$N' = 1\,500(1 - 0.046\,6) = 1\,430\,\text{min}^{-1}$

【3.3】 $T_1 = \dfrac{m_1 V_1^2 s_1}{r_2'} = K(1 - s_1),\quad T_2 = \dfrac{m_1 V_1^2 s_2}{r_2''} = K(1 - s_2)$

$\dfrac{T_1}{T_2} = \dfrac{r_2'' s_1}{r_2' s_2} = \dfrac{a s_1}{s_2} = \dfrac{1 - s_1}{1 - s_2}$

$a = 2.02$ 倍

【3.4】 $r_1 = \dfrac{1}{2} \times 0.5 = 0.25, \ 1 + 0.25 = 1.25$

$s_2 = \dfrac{0.018 \times 1.25}{0.25} = 0.09, \ N_0 = \dfrac{120 \times 60}{8} = 900$

$N_2 = (1 - 0.09) \times 900 = 819 \ \mathrm{min}^{-1}, \ P_{o2} = \dfrac{350(1 - 0.09)}{1 - 0.018} = 324 \ \mathrm{kW}$

【3.5】 略

【4.1】 $I_n = \dfrac{400 \times 10^3}{\sqrt{3} \times 3\,300} = 70,$

$I_0 = 70 \times 1.2 = 84 \ \mathrm{A}$

【4.2】 解図 4.1 において

$I_n = \dfrac{5\,000 \times 10^3}{\sqrt{3} \times 6\,000} = 481.1,$

$i_S = \dfrac{200 \times 481.1}{600} = 160$

$\mathrm{scr} = \dfrac{200}{i_S} = \dfrac{600}{481.1} = 1.247,$

$x_S \fallingdotseq Z_S = \dfrac{6\,000}{\sqrt{3} \times 600} = 5.77 \ \Omega$

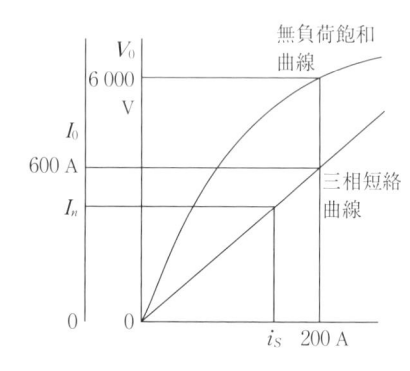

解図 4.1

【4.3】 解図 4.2 において

有効分：$250 \cos \varphi_1 = I_2 \cos \varphi_2$

$\qquad = \dfrac{1}{2} \times 400 \times 0.8$

$\qquad = 160$

1機の力率：$\cos \varphi_1 = 0.64$

$I_2 \sin \varphi_2 = 400\sqrt{1 - 0.8^2} - 250\sqrt{1 - 0.64^2} = 47.9$

他機の力率：$\cos \varphi_2 = 0.96$

解図 4.2

【4.4】 $P_m = \dfrac{3 V E_0}{x_S} \sin \delta = \sqrt{3} \times 220 \times 80 \sin \delta = 30.5 \times 10^3 \sin \delta$

$T = \dfrac{P_m}{\omega} = 30.5 \times 10^3 \times \dfrac{60 \sin \delta}{2\pi \times 1\,800} = 162 \sin \delta \quad (\mathrm{Nm})$

脱出トルク：$162 \sin(\pi/2) = 162 \ \mathrm{Nm}$, 全負荷出力：$30.5 \times 10^3 \sin(\pi/9) = 10.4 \ \mathrm{kW}$

演習問題解答のヒント　　　*191*

【4.5】　略

【5.1】　$E_G = 220 + 100 \times 0.05 = 225$,　$E_M = 220 - 100 \times 0.05 = 215$
$N = 1\,000 \times \dfrac{215}{225} = 956 \text{ min}^{-1}$

【5.2】　定格電流：$\dfrac{10 \times 10^3}{100} = 100$,　負荷抵抗：$\dfrac{100}{200} = 0.5$
$E_G = 100 + 100 \times 0.07 = 107$,　$107 \times 1.05 = 112.4$
端子電圧：$107 - 0.07 I'_{a1} = 112.4 - 0.07 I'_{a2} = 0.5 (I'_{a1} + I'_{a2})$
$I'_{a1} = 64.3 \text{ A}$,　$I'_{a2} = 140.7 \text{ A}$,　$V' = 102.5 \text{ V}$

【5.3】　$I_1 = \dfrac{100 \times 10^3}{200} = 500$,　$R_1 = \dfrac{200 \times 0.06}{500} = 0.024$
$I_2 = \dfrac{200 \times 10^3}{200} = 1\,000$,　$R_2 = \dfrac{200 \times 0.03}{1\,000} = 0.006$
端子電圧：$200 \times 1.06 - 0.024 I'_1 = 200 \times 1.03 - 0.006 I'_2$
$I'_1 = 400 \text{ A}$,　$I'_2 = 600 \text{ A}$

【5.4】　分巻：$\dfrac{50}{2} = 25 \text{ A}$,　$1\,000 \text{ min}^{-1}$
直巻：$\dfrac{50}{\sqrt{2}} = 35.4 \text{ A}$,　$1\,000 \times \sqrt{2} = 1\,414 \text{ min}^{-1}$

【5.5】　$N = \dfrac{V - I_a R_a}{K\Phi}$,　$V_0 = K N_0 \Phi$,　$K\Phi = \dfrac{V_0}{N_0}$
$I_a R_a = V - \left(\dfrac{N}{N_0}\right) V_0 = V' - \left(\dfrac{N'}{N_0}\right) V_0$,　$N' = \dfrac{N_0 (V' - V)}{V_0} + N$

【6.1】〜**【6.3】**　略

【7.1】　$C = \dfrac{\varepsilon_S \varepsilon_0 S}{d} = \dfrac{8.854 \times 10^{-12} \times 1}{0.01} = 8.854 \times 10^{-10} \text{ F} = 8.854 \times 10^{-4} \text{ μF}$

【7.2】〜**【7.4】**　略

索　　引

【あ】

油入ブッシング	34
油入変圧器	32
アモルファス磁性体	7
アンペアの右ねじの法則	3

【い・う】

イルグナ方式	145
渦電流損	7, 9, 16
埋込み磁石形	154

【え・お】

永久磁石	7
永久磁石形	157
永久磁石同期電動機	154
エンジン発電機	96
円線図	69
円筒形回転子	95
円筒コイル	30
円板コイル	30
横流	111
温度上昇限度	9

【か】

界磁制御	144
界磁巻線	123
外鉄形変圧器	28
回転界磁形	92
回転機	1
回転子	50
回転磁界	48
回転磁界説	82
回転速度	50
回転電機子形	92
外部起動	118
外部特性曲線	107, 136, 138, 139
加極性	35
かご形誘導電動機	50
重ね巻	123, 125
ガス絶縁変圧器	33
滑動環	52, 91
可変電圧可変周波数制御	78
可変リラクタンス形	157
簡易等価回路	19, 61
乾式変圧器	32

【き】

機械損	9
幾何学的中性軸	128
基準巻線温度	20, 62
起磁力	5
き電区分所	180
規約効率	9
逆転	76
キャパシタ	166
極間隔	97
極数切換電動機	77
許容最高温度	8

【く・け】

くま取りコイル形電動機	87
計器用変圧器	45
計器用変成器	44
けい素鋼板	6, 29
継鉄	123
ゲルゲス現象	75
減極性	35
減磁作用	99

【こ】

コアレス直流モータ	153
交差起磁力	130
交差磁化作用	98
高調波フィルタ	167
交直両用電動機	151
効率	9, 22
交流整流子電動機	150
交流フィルタ	176
呼吸作用	34
固定子	50
コンサベータ	34
コンデンサ	166
コンデンサ形ブッシング	35
コンデンサ始動形電動機	86
コンデンサ電動機	86
コンデンサ負荷	100
コンドルファ方式	73

【さ】

最大効率	23
最大トルク	66
サイリスタ	161
差動複巻	139
サーボモータ	158
三角結線	36
三相結線	36, 39
三相電圧不平衡	71
三相誘導電圧調整器	89
三相用進相コンデンサ	175
残留電圧	105

【し】

磁界	3
直入れ始動	72

磁器がい管	34	占積率	29	定格電流	9, 67
磁　極	121	全節巻	53	定格トルク	67
自己始動	118	センタコア形変圧器	28	定格容量	10
自己励磁現象	108	全電圧始動	72	抵抗温度係数	6
磁　束	12	全日効率	23	抵抗始動	143
磁束密度	4			抵抗整流	134
実効巻数	56	【そ】		停動トルク	66
実効巻数比	57	増磁作用	100	鉄機械	107
次同期運転	74	速度特性曲線	140	鉄　損	6, 9, 17, 59
始動補償器	73			電圧一定制御	78
始動巻線	94, 118	【た】		電圧制御	144
集中巻	53	耐熱クラス	8	電圧整流	134
出力相差角曲線	116	脱出トルク	118	電圧比	22
昇圧機	138	脱　調	117	電圧変動率	23, 25, 108
常電導吸引式磁気浮上方式		タービン発電機	94	電解コンデンサ	168
	162	短節巻	53	電気機器	1
進相コンデンサ	167, 172	短節巻係数	55	電機子	92, 123
		単相直巻整流子電動機	150	電機子反作用	98, 128
【す】		単相誘導電圧調整器	88	電機子反作用リアクタンス
水車発電機	93	単相誘導電動機	81		101
水素冷却	95	単巻変圧器	43	電気的中性軸	129
スコット結線変圧器	42	端絡環	51	電気二重層キャパシタ	169
ステッピングモータ	156	短絡曲線	105	電気二重層コンデンサ	169
スナバ	168	短絡試験	21	電流比	22
すべり	49	短絡比	106	電力融通方式電圧変動補償
すべり周波数	57, 58			装置	185
スリップリング	52, 91	【ち】		電力用コンデンサ	170
スロット	124	窒素封入変圧器	34	
スロット形直流モータ	153	超電導磁気浮上式鉄道	163	【と】
		超電導磁石	163	等価回路（誘導機の）	60
【せ】		直軸起磁力	130	同期インピーダンス	106
静止形無効電力補償装置	179	直流電気動力計	148	同期化	109
静止器	2	直流電動機	121	銅機械	107
静止クレーマ方式	80	直流発電機	120, 135	同期化電流	112
静止セルビウス方式	81	直列コンデンサ	179	同期化力	117
成層鉄心	29	直列抵抗制御	144	同期機	91
静電容量	166	チョッパ制御	147	同期検定器	109
制動巻線	94, 117			同期検定装置	109
整流曲線	132	【て】		同期検定灯	110
整流作用	131	定　格	9	同期速度	49, 58, 92
整流子	121, 123	定格回転数	67	同期調相機	115
整流時間	131	定格出力	9, 67	同期電動機	113
積層鉄心	29	定格電圧	9, 67	同期外れ	117

索　引　193

同期ワット	66	表面磁石形	154	巻線係数	56
透磁率	4	漂遊負荷損	9	巻鉄心形	29
銅損	9	比例推移	68, 73		
突極機	93			【む・も】	
突極発電機	103	【ふ】		無負荷試験	20
トムソン形反発電動機	152	ファラデーの法則	4, 12	無負荷飽和曲線	105, 135, 137
トルク	128	フィルムコンデンサ	168, 172	無負荷励磁突入電流	26
		負荷角	102, 116	漏れリアクタンス	16, 24, 100
【な】		負荷飽和曲線	136		
内鉄形変圧器	28	複合形	157	【や・ゆ・よ】	
内部相差角	102	浮上案内方式	162	有効巻数	56
斜めスロット	75	負担	44	誘導起電力	56, 57, 98
波巻	123, 125	ブッシング	34	誘導電動機	48
		ブラシ	52, 121, 123		
【に】		ブラシレス直流電動機	154	【ら・り】	
二次抵抗制御	80	フレミングの左手の法則		乱調	117
二層巻	124		5, 48, 121	リアクタンス負荷	99
二値コンデンサ電動機	86	理想変圧器			13
二反作用理論	104	フレミングの右手の法則		リニア地下鉄	161
			4, 48, 91, 97, 120	リニア直流モータ	161
【は】		分相始動形電動機	85	リニア同期モータ	160
ハイランド円線図	69	分布巻	53	リニア誘導モータ	160
歯車状鉄心形	157	分布巻係数	53	利用率	40
パルスモータ	156			リラクタンスモータ	116
反作用電動機	116	【へ】			
万能電動機	151	並行運転	41, 109	【る・れ】	
反発始動形単相誘導電動機		並列コンデンサ	172, 175	ルーフ・デルタ結線変圧器	
	152	ベクトル制御	79		42
反発始動形電動機	87	変圧器	11	冷却	32
		変圧器等価回路	18	励磁アドミタンス	17, 21
【ひ】		変圧器用絶縁油	33	励磁回路	17
引入れトルク	118	変流器	45	励磁機	96
比誤差	45, 46			励磁電流	13, 16, 40, 59
比磁気装荷	107	【ほ】		レンツの法則	4
ヒステリシス現象	16	補極	123, 134		
ヒステリシス損	7, 9	星形結線	36	【わ】	
比電気装荷	107			和動複巻	139
非突極機	101	【ま】		ワードレオナード方式	144
百分率抵抗降下	25	巻数比	14, 18		
百分率リアクタンス降下	25	巻線	30		
		巻線形誘導電動機	52, 73		

索　　引

【欧文・記号】

Δ 結線	36
BLDC motor	154
CT	45
CVVF 制御	78
EDLC	169
GCT サイリスタ	183
GTO サイリスタ	147, 183
HB	157
HSST	162
ICT	160
IGBT	183
IPM	154
LDM	161
LIM	160
LSM	160
LTM	161
L 形円線図	69
PM	157
PMSM	154
RPC	185
SPM	154
STATCOM	185
SVC	179
TCR	181
TCT	182
T 形円線図	71
V/f 一定制御	78
VR	157
VT	45
VVVF インバータ	78
V 曲線	114
V 結線	39
Y-Δ 始動法	72
Y 結線	36

―― 著者略歴 ――

持永　芳文（もちなが　よしふみ）
1967 年　佐世保工業高等専門学校電気工学科卒業
1967 年　日本国有鉄道入社
1980 年　東京理科大学工学部電気工学科卒業
1993 年　東京理科大学非常勤講師
1994 年　博士（工学）（東京理科大学）
1998 年　財団法人鉄道総合技術研究所
　　　　　電力技術開発推進部長
2009 年　株式会社ジェイアール総研電気システム
　　　　　専務取締役
2012 年　同取締役相談役
2015 年　同顧問
　　　　　現在に至る

1975 年　第 2 種電気主任技術者
1990 年　技術士（電気電子部門）
1994 年　電気学会電気学術振興賞進歩賞
1997 年　科学技術庁長官賞（研究功績者）
2007 年　電気学会産業応用特別賞技術開発賞
2018 年　電気学会フェロー

蓮池　公紀（はすいけ　きみのり）
1956 年　東京大学工学部電気工学科卒業
1956 年　株式会社日立製作所勤務
1971 年　東京理科大学非常勤講師のほか，
　　　　　千葉大学非常勤講師，
　　　　　工学院大学非常勤講師，
　　　　　木更津工業高等専門学校非常勤講師
　　　　　などを歴任
1984 年　工学博士（東京大学）
1985 年　東京理科大学教授
1997 ～
2008 年　東京理科大学嘱託教授および
　　　　　非常勤講師

電 気 機 器 学
Electric Machinery and Apparatus Studies

　　　　　　　　　　　　　　　　Ⓒ Yoshifumi Mochinaga, Kiminori Hasuike 2014

2014 年 10 月 2 日　初版第 1 刷発行　　　　　　　　　　　　　　　　★
2019 年 9 月 5 日　初版第 3 刷発行

	著　者	持　永　　芳　文
検印省略		蓮　池　　公　紀
	発行者	株式会社　コロナ社
	代表者	牛来真也
	印刷所	新日本印刷株式会社
	製本所	有限会社　愛千製本所

112-0011　東京都文京区千石 4-46-10
発 行 所　株式会社　コロナ社
CORONA PUBLISHING CO., LTD.
Tokyo Japan
振替 00140-8-14844・電話(03)3941-3131(代)
ホームページ　http://www.coronasha.co.jp

ISBN 978-4-339-00864-7　C3054　Printed in Japan　　　　　　　（安達）

〈出版者著作権管理機構 委託出版物〉
本書の無断複製は著作権法上での例外を除き禁じられています。複製される場合は、そのつど事前に、
出版者著作権管理機構（電話 03-5244-5088、FAX 03-5244-5089、e-mail: info@jcopy.or.jp）の許諾を
得てください。

本書のコピー，スキャン，デジタル化等の無断複製・転載は著作権法上での例外を除き禁じられています。
購入者以外の第三者による本書の電子データ化及び電子書籍化は，いかなる場合も認めていません。
落丁・乱丁はお取替えいたします。